조리영양과 식품안전

최은희 · 최우승 · 최수남 공저

Cooking Nutrition & Food Safety

(주)백산출판사

머 리 말

바른 식생활과 영양정보에 대한 관심이 높아지고 있다. 이것은 높은 경제수준과 국민의 삶의 질 향상으로 의식구조가 변화되면서 나타나는 현상이다. 우리의 식생활도 시대의 흐름에 따라 많은 변화를 겪어왔다. 예전의 단순한 생명유지 수단에서 이제는 생활에서 가장 중요한 부분으로 인식되고 있다.

요즈음 식생활이 서구화되고 선진화되면서 비만, 성인병, 스트레스 등이 사회문제로 제기되는 것이 가장 큰 변화라 할 수 있고, 영양 불균형, 잘못된 영양정보 등 다양한 건강상의 문제점도 드러나고 있다. 생활수준이 높아지면서 식품의 소비량과 영양소의 섭취는 증가하고 있으나, 영양에 대한 정보와 이해 부족으로 단순히 기호에 치우치거나 불균형한 식품을 섭취하는 사례가 증가하고 있다.

이러한 시대에 올바른 영양정보 제공과 균형 잡힌 식생활 유지를 위해 영양사, 조리사 등의 전문적인 지식을 갖춘 인력이 필요하게 되었으며, 최근에는 조리 및 영양에 대한 관심이 높아지고 연구가 매우 활발해져 관련 전공자는 물론 일반인들까지도 외식산업 등에 뛰어드는 추세이다.

이 책은 영양학, 조리학, 외식학 등의 전공자들이 알아야 할 최근에 개정된 내용, 즉 한국인 영양소 섭취기준, 조리영양의 개념, 식생활과 건강, 식품 알레르기, 조리도구와 식품안전, 기후 변화에 따른 조리와 영양을 중심으로 최신 식품안전 등 모든 영역을 포함하기 위해 노력하였다. 관련 학문을 공부하는 분들과 일반인에게 조금이나마 보탬이 되었으면 하는 마음이다.

부족한 부분은 계속 더 연구하면서 보완해 나갈 것이다. 출판을 위해 애써주신 (주)백산출판사 관계자 여러분께 감사드리며, 알차고 유용한 가이드북으로 널리 이용되기 바란다.

저자 일동

차 례

1부_조리영양과 식품안전

제1장 조리와 영양

차례

차례

1부

조리영양과 식품안전

1장

조리와 영양

01 Chapter 조리와 영양

01 조리·영양의 정의

1. 조리란

조리란 인간의 생존을 위해 섭취하는 식품을 맛있게 만들어 먹기 위해 조미료를 넣거나 가열 또는 기타의 과정을 거치면서 식품의 기본적인 특성을 증진시켜 먹기 좋은 상태의 음식물로 만드는 과정을 말한다. 그러므로 조리는 식품에 존재하는 유해한 성분은 제거하고 안전성과 맛을 증진시켜 섭취하도록 하는 과정이다.

식품은 조리과정을 거치면서 맛과 소화성이 높아지는 한편, 유해한 성분들이 제거되어 위생적으로 되면서 안전성이 높아지게 된다.

조리하는 목적은 섭취하는 사람의 기호성과 소화 및 흡수율을 증진시키고, 안전성과 저장성을 향상시키는 데 있다.

① 식품의 저장성 향상
② 식품의 소화 및 영양소의 흡수율 증진
③ 식품 안전성의 향상
④ 식품 기호성의 증진
⑤ 외관 및 풍미 향상

2. 영양이란

영양(nutrition)이란 식품을 섭취한 후 저작작용이나 소화효소 등의 이화학적 작용을 통한 소화와, 장점막세포를 통한 흡수 및 각 조직이나 기관의 성장 및 유지를 위한 여러 작용을 하고 불필요한 대사물질은 체외로 배설하는 일련의 과정을 의미한다. 즉 우리 몸의 세포에서 동화작용(anabolism)과 이화작용(catabolism)으로 에너지를 방출하고 생명을 유지하는 모든 과정을 말한다. 영양은 건강한 삶을 유지하기 위해 매우 중요하며, 먹는 것 자체가 즐거움과 만족감, 심리적 안정감을 제공하기도 한다.

표 1-1 영양소의 종류와 역할

영양소	하는 일 →	함유식품 →	섭취열량구성비 →
탄수화물	힘과 열을 내지요	밥류, 빵류, 면류	55~70%
지질	힘을 내고 체온을 유지해요	기름, 버터, 마요네즈	15~30%
단백질	피와 살을 만들어요	고기, 생선, 달걀, 콩류	7~20%
칼슘	뼈와 이를 튼튼하게 해요	우유, 멸치, 유제품류	
비타민 · 무기질	우리 몸을 조절하지요	채소, 과일, 해조류	

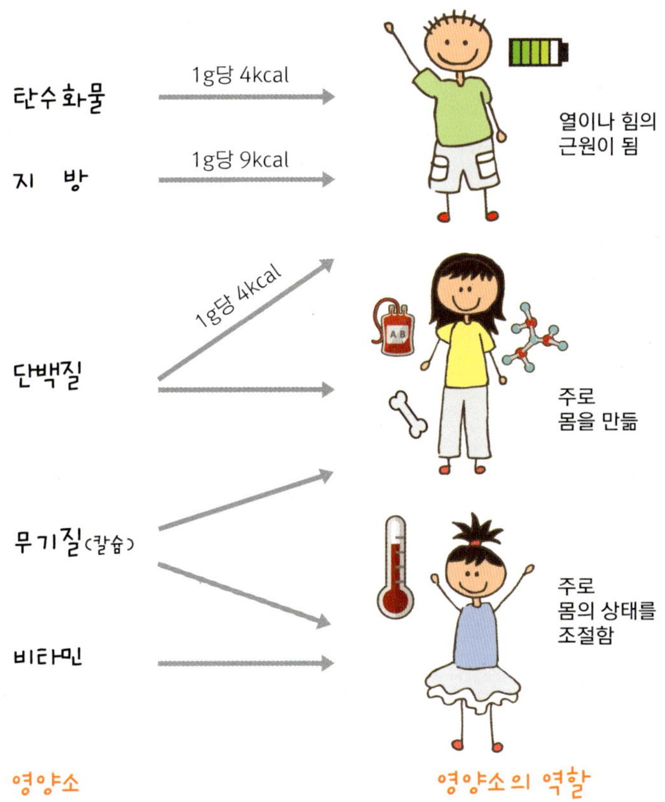

02 탄수화물의 조리와 영양

1. 탄수화물의 영양

1) 탄수화물의 종류

(1) 단당류(Monosaccharides)

가수분해에 의해 더 이상 분해되지 않는 가장 기본적인 당의 구조로 이루어져 있으며 모든 탄수화물의 기본 단위가 단당류이다. 탄소 수가 3개인 3탄당으로부터 탄소 수가 6개인 6탄당에 이르기까지 다양하게 자연에 존재하는데, 식품에 들어 있는 단당류는 대개 6탄당($C_6H_{12}O_6$)이다. 대표적인 3가지 단당류는 6탄당인 글루코오스(glucose), 프룩토오스(fructose), 갈락토오스(galactose)이다.

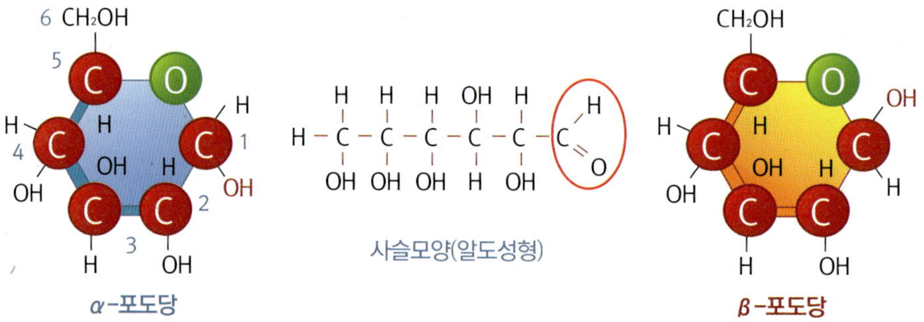

그림 1-1 단당류의 구조

① 글루코오스(Glucose, 포도당)

탄수화물이 소화를 통하여 세포막을 통과할 수 있는 작은 단위의 6탄당이며, 혈당(blood glucose)의 성분이다. 포도당은 체내 당 대사물질의 중심물질이며 알데히드기(aldehyde group)를 가진 알도오스(aldose) 형태로서 과일즙, 사탕수수, 엿당 등의 가수분해로 얻을 수 있다.

② 프룩토오스(Fructose, 과당)

과당은 케톤기(ketone group)를 가진 케토오스(ketose) 형태의 6탄당으로, 과일과 꿀에 있으며, 단맛이 가장 강하다. 간에서 포도당으로 전환된다.

③ 갈락토오스(Galactose, 유당)

자연계에 존재하는 유당의 구성성분으로 알도오스(aldose) 형태이고, 모유나 우유 등에 존재하며, 단맛이 약하고 뇌성분에 필요하다.

(2) 이당류(Disaccharides)

이당류는 단당류 2분자가 결합한 형태로 결합할 때 물이 1분자 빠져나가므로 분자식은 $C_{12}H_{22}O_{11}$이 된다. 대표적인 이당류로는 맥아당(엿당, maltose), 설탕(자당, sucrose), 젖당(유당, lactose) 등이 있다.

① 수크로오스(Sucrose, 자당, 설탕)

설탕을 말하며 이당류 중 가장 넓게 분포되어 있는 당으로, 포도당(glucose)과 과당(fructose)의 글리코시드결합(glycosidic bond)으로 구성되어 있으며 비환원당이다. 식품 중에는 주로 과일에 존재한다.

자당

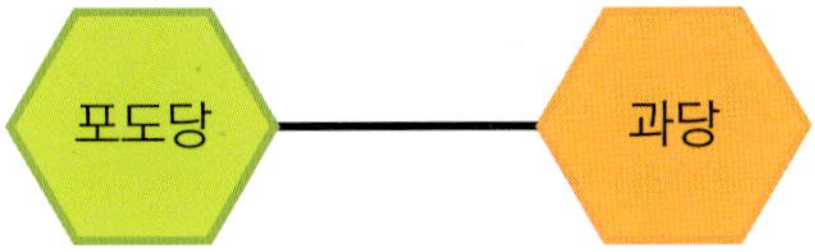

② 말토오스(Maltose, 맥아당, 엿당)

맥아당은 2개의 포도당(glucose)으로 구성되어 있으며, 녹말이 가수분해되어 만들어진다. 또는 맥아를 이용하여 만든 식혜에 존재한다.

맥아당

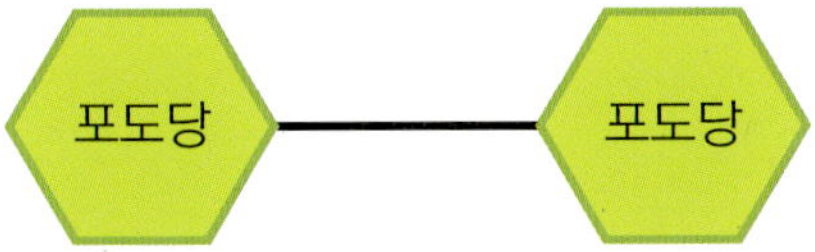

③ 락토오스(Lactose, 젖당)

젖당은 포도당(glucose)과 갈락토오스(galactose)가 결합된 이당류로 구성되어 있으며, 동물의 유즙에 주로 들어 있고, 젖당 분해효소(lactase)가 부족하면 포도당과 갈락토오스로 잘 분해되지 않아 설사나 가스팽만감 등이 형성된다. 또한 장내 유산균이 활용할 수 있는 프리바이오틱스(prebiotics)로도 이용될 수 있다.

(3) 올리고당(Oligosaccharides)

소당류 즉 올리고당은 3~10개의 단당류로 구성되며, 자연식품의 올리고당은 대부분 사람의 소화효소에 의해 분해되지 않고, 대장에 있는 박테리아에 의해 분해된다. 장내 유산균(probiotics)이 증식할 수 있는 식량으로 이용될 수 있으므로 식품에 소당류가 존재할 경우, 소당류는 프리바이오틱스(prebiotics)로서의 유효한 성질을 지닌다.

기능성 식재료로서 유제품과 유아용 식품에 많이 이용되며 기능은 다음과 같다.

① 소화되지 않지만, 대장에서 우리 몸에 유익한 유산균(비피더스균)을 활성화시켜, 장의 건강을 유지시킨다.
② 단맛이 있으면서도 혈당을 급격히 높이지 않아 당뇨병 환자의 혈당조절 시 설탕보다 유리하다.
③ 유익한 유산균을 활성화시켜 대장암을 예방한다.
④ 칼슘과 마그네슘의 흡수를 도와준다.

(4) 다당류(Polysaccharide)

다당류는 십여 개의 단당류 분자부터 만여 개의 단당류 분자로 구성된 거대분자로, 그 구성당이 한 가지일 때에는 단순다당류, 2가지 이상일 때에는 복합다당류라고 한다. 단순다당류로는 포도당의 중합체인 전분, 글리코겐, 셀룰로오스와 과당의 중합체인 이눌린을 들 수 있으며, 복합다당류로는 펙틴을 들 수 있다.

① 녹말(Starch)

식물에 들어 있는 저장형 다당류로서 식물이 성숙되면서 포도당들이 α-글리코시딕결합(α-glycosidic bond)을 통하여 형성되며 아밀로오스(amylose)와 아밀로펙틴(amylopectin)의 두 종류가 있다.

② 글리코겐(Glycogen)

동물의 간과 근육에 들어 있는 저장형 다당류로서 포도당이 α-결합으로 구성되어 있다. 근육에 에너지를 공급하며, 아밀로펙틴과 구조는 유사하나 가지가 훨씬 많아 신속한 에너지 공급에 유리하다.

③ 식이섬유소(Dietary fiber)

대부분 식물성 식품에 들어 있으며, 셀룰로오스(cellulose), 헤미셀룰로오스(hemicellulose), 리그닌(lignin), 펙틴(pectin), 검(gum) 등이 있다. 도정하지 않은 전곡류와 채소류 및 과일류 등에 다량 함유되어 있다.

2) 탄수화물의 기능

(1) 에너지 생성

신체에서 적혈구, 뇌세포 및 신경세포는 주로 포도당을 에너지원으로 이용한다. 근육 등 다른 세포에서도 식사 후에는 포도당을 사용하여 에너지를 얻는다.

(2) 체단백질 보호

탄수화물을 매우 적게 섭취하거나 굶으면 근육이나 간, 신장, 심장 등 여러 기관에 있는 단백질이 분해되어 포도당 합성에 쓰이게 된다. 특히 체중조절을 위해 굶을 경우, 체단백질이 급격히 손실된다.

(3) 지방의 불완전산화 방지

탄수화물을 아주 적게 섭취하면, 지방이 분해될 때 완전히 산화되지 못하고 케톤체(ketone body)가 만들어지는데, 이들이 혈액과 조직에 많이 축적되는 것이 케톤증(ketosis)이다.

2. 탄수화물 함유식품의 조리

1) 당류의 조리 특성

(1) 용해도

당은 식품에서 용액으로 존재한다. 당의 결정화는 당용액이 충분히 농축되었을 때 이루어지며, 시판되는 당은 사탕무와 사탕수수로 만든 것이다. 당의 용해도는 온도가 높을수록 증가한다.

물 100g : 20℃-203.9g의 자당이 녹음
70℃-320.5g, 100℃-487.2g의 당이 용해됨

소량의 당을 물에 넣고 섞어 당이 모두 녹은 것을 용액이라 하고, 용액에 당을 더 넣으면 불포화용액이 된다. 특정온도에서 녹을 수 있는 당이 모두 녹은 용액은 포화용액이라 하고, 특정온도에서 녹을 수 있는 당보다 많은 양의 당이 녹아 있는 용액을 과포화용액이라 하며 대표적인 예가 시럽이다.

(2) 융점과 열분해

건조 당에 열을 가하면 녹아 액체상태가 되며 융점을 지나 계속 가열하면 분해가 일어난다.

설탕은 약 160℃에서 녹으며, 갈색으로 점차 변해 170℃에서 캐러멜화가 일어난다. 특징적인 향이 나며 캐러멜화는 비효소적 갈변반응이다. 수분이 빠져나가 중합이 일어나 자극적인 맛이 나며 원료당보다 단맛이 덜한데 그 대표적인 예가 뽑기이다.

캐러멜은 비결정형이며 수용성이다. 캐러멜 반응의 정도와 반응속도는 당의 형태에 따라 차이가 난다. 갈락토오스와 포도당은 자당과 거의 같은 온도인 170℃에서 캐러멜화가 일어나고, 과당은 110℃, 맥아당은 180℃에서 캐러멜화된다.

과립설탕을 두꺼운 팬에 넣고 캐러멜화한 후 뜨거운 물을 넣어 캐러멜화된 당을 녹인 것이 푸딩, 아이스크림, 빙수나 소스의 향미성분으로 이용된다.

(3) 흡수

당은 건조한 곳에 보관하지 않으면 수분을 흡수하여 덩어리진다. 특히 과당은 흡습성이 커서 과당함량이 높은 꿀, 당밀과 결정과당을 넣은 케이크나 쿠키는 수분 보유력이 좋아 자당을 넣은 제품보다 오랫동안 촉촉함을 유지할 수 있다.

예) 찰떡 : 떡의 노화를 막기 위해 쌀가루에 꿀을 넣고 버무린다.

(4) 발효

유당을 제외한 대부분의 당은 효모에 의해 발효되어 이산화탄소와 알코올을 생산한다. 발효는 제과, 제빵에서 매우 중요한 반응으로 이산화탄소는 팽창제 역할을 하며 생성된 알코올은 굽는 과정에서 휘발된다.

(5) 산에 의한 가수분해

이당류는 약산에 의해 분해되어 단당을 생성한다. 자당은 쉽게 산가수분해되며 맥아당과 유당은 매우 느리게 가수분해가 일어난다. 자당의 산가수분해는 가열온도, 사용되는 산의 종류와 농도, 가열시간과 속도 등의 영향을 받는다.

열은 반응을 가속화시키며, 서서히 오래 가열하는 것이 빠르게 단시간 가열하는 것보다 가수분해가 더 많이 일어난다. 산도가 높으면 분해속도와 정도가 커진다. 산가수분해는 과일과 당을 함께 조리할 때 자연스럽게 일어난다.

(6) 효소에 의한 가수분해

이당류는 효소에 의해서도 가수분해된다. 수크라아제는 전화효소라 하여 캔디 제조산업에 이용되는데, 폰던트에 존재하는 일부 자당을 포도당과 과당으로 분해시키면 조직감이 부드러워지며 중앙부분이 반고체상태인 폰던트를 만들 수 있다.

(7) 단맛

당류는 단맛을 가지며 감미의 정도는 당의 종류, 온도에 따라 다르다. 과당의 단맛이 가장 크며 자당, 포도당, 맥아당, 갈락토오스, 유당의 순서로 단맛이 낮다.

당류의 단맛은 0~20℃에서는 변화가 거의 없으나 0℃ 이하나 50℃ 이상에서는 단맛이 저하된다.

표 1-2 당의 종류에 따른 상대당도와 주요 식품

종류	상대당도(자당=1)	주요 식품
유당	0.2	유제품
맥아당	0.4	싹 티운 종자
포도당	0.7	옥수수 시럽
자당	1	설탕
전화당	1.3	몇 가지 사탕, 꿀
과당	1.2~1.8	과일, 꿀, 소프트 드링크
소르비톨	0.6	다이어트 사탕, 무설탕 껌
만니톨	0.7	다이어트 사탕
자일리톨	0.9	무설탕 껌
아스파탐	200	다이어트 소프트 드링크, 다이어트 과일음료
사카린	300	다이어트 소프트 드링크
아세설팜	200	무설탕 껌, 다이어트 대체 감미료, 푸딩

2) 당류 가공품

(1) 결정성 당

정제당은 단맛을 가지며, 모든 사람들이 단맛을 좋아한다. 단맛을 인지하는 정도는 개인차, 감미료의 농도, 온도, 점도, 젓는 정도와 결정형성을 방해하는 다른 물질의 존재 유무에 따라 영향을 받는다.

① 과립설탕(테이블 슈거)

식품에서 다양한 역할을 하여 제빵제품의 조직감에 영향을 주며, 아이스크림의 질감과 감촉을 개선시키는 데 사용된다.

효모 발효의 영양분으로 이산화탄소를 생성하여 팽창제 역할을 한다.

당조림법 : 잼과 젤리 같은 저장식품에서 미생물 번식을 늦추는 역할. 사탕수수와 사탕무를 정제하여 만든다.

② 결정성 단당류

결정포도당은 자당의 75~80% 정도의 단맛을 가지며, 옥수수 전분을 완전히 분해하여 만든다. 식품산업에서 주로 쓰이며 입자의 크기는 다양하여 분말 형태의 크기도 있다.

꿀에 결정이 형성되는 것은 대부분이 포도당이며 과당은 액체시럽에 남아 있다. 결정과당은 설탕과 섞으면 같은 양의 설탕보다 단맛이 커서 사용량을 줄일 수 있다.

③ 분당

분당은 사탕수수와 사탕무에서 만든 과립설탕을 기계적으로 분말화시킨 것이다.

④ 황설탕

설탕 정제의 마지막 단계에서 얻은 결정성 당에 설탕을 생산하는 과정의 부산물인 당밀을 코팅한 것으로 설탕 결정을 분리한 후에 남는 액체이다.

과립설탕에는 전화당이 존재하기에 황설탕에도 전화당이 소량 함유되어 있다.

⑤ 전화당

Sucrose를 약산 또는 Invertase로 가수분해하면 포도당과 과당으로 분리되는데, 이때 생성된 포도당과 과당의 혼합물을 이르는 말. 벌꿀은 전화당이 주체로 되어 있다. 전화당은 감미가 강하여 Sucrose의 1.23배로 단맛을 내고자 하는 과자 등에 이용한다.

(2) 시럽, 당밀과 꿀

① 옥수수 시럽

일반적인 옥수수 시럽은 약 75%의 당질과 25%의 수분을 함유하고 있지만 용도에 따라 당질의 비율이 다양한 시럽이 만들어진다.

옥수수 시럽은 옥수수 전분을 고온에서 가수분해하여 제조한다.

② 당밀

당밀은 농축된 사탕무 용액에서 결정당을 분리해 낸 후에 남는 용액으로 25% 이상의 수분과 5% 이상의 회분을 함유한다. 결정화 단계에 따라 당의 농도가 달라진다.

③ 단풍시럽

단풍나무 수액을 농축하여 만든 시럽으로 독특한 향기가 있어 고급조리에 이용된다.

④ 꿀

꿀은 약 17%의 수분, 82.5%의 당질, 소량의 무기질과 비타민 그리고 효소를 함유하고 있다. 꿀은 과당(38%), 포도당(31%), 맥아당(7%)과 자당(2%)으로 구성되어 있다.

3) 당알코올

소르비톨, 만니톨, 자일리톨은 당알코올이다. 건조상태에서 맛을 보면 기분좋게 차가운 느낌을 준다. 과량 섭취하면 설사를 유발하기 때문에 일반적으로 다이어트용 캔디나 껌에 이용된다.

당알코올은 1g당 4kcal의 열량을 내어 칼로리에는 이득이 없으나 미생물에 의해 발효되지 않아 충치예방 효과를 가진다.

(1) 락티톨

설탕과 유사한 감미도를 가지고 있는 결정성 가루의 감미료로 탄산음료, 과일시럽, 절임류 등에 사용된다.

(2) 만니톨

고구마 · 버섯 · 셀러리 외에, 다시마 등의 갈조류와 만나나무(manna)에 많이 함유되어 있다. 물에는 잘 녹으나, 에탄올에는 잘 녹지 않고, 에테르에는 녹지 않는다. 강한 단맛(수크로오스의 60% 정도)을 가진다.

(3) 소르비톨

백색 무취의 투명한 용액으로 청량감과 감미도가 있고 순수한 소르비톨은 물에 매우 잘 용해되고 온도가 올라감에 따라 용해도가 증가한다. 또 소르비톨은 수분을 강하게 흡수하는 성질이 있으므로 습윤조정제 또는 보습제 이외에 가소제, 유연제 그리고 광택제로도 작용하며 타 첨가물보다 흡습

속도가 느려 제품에 대해 수분의 흡수와 발산에 비교적 큰 영향을 주지 않아 제품의 신선도와 유연성을 유지하고, 건조 · 균열 · 중량 손실을 방지하여 품질 및 저장성을 향상시켜 준다. 그 외 단백질 변성방지 효과(protein protection effect), 킬레이트 효과(chelate effect), 효소와 곰팡이의 성장에 대한 저항력을 가지고 있어 다른 분야의 용도에 사용될 수 있다. 그러나 소르비톨은 sorbic acid처럼 방부력은 갖지 않는다.

(4) 자일리톨

충치의 원인이 되는 산을 형성하지 않는 천연소재의 새로운 감미료. 핀란드에서 발견한 것으로, 자작나무나 떡갈나무 등의 수목에서 채취되는 성분을 원료로 하여 껌(gum) 등으로 만들어 '치아는 안심'이라 광고하고 있다. 충치는 치아에서 당을 분해할 때 생기는 산에 의해 에나멜질이 녹는 것이 원인이 되는데, 자일리톨은 이 작용을 억제한다고 한다. 이 감미료는 혈당상승에 영향을 미치지 않는 특성이 있기 때문에 당뇨병 환자에게 포도당 대용으로 사용하기도 한다.

4) 대체 감미료

설탕 대신에 사용하는 감미료로서 화학적으로 합성된 것이며 가장 오래된 것은 사카린으로 1879년에 생산되어 널리 이용되었으나 동물실험에서 독성이 발견되어 금지되었다가 2001년 미국 FDA에서 안전성 허가를 받아 현재 90개국 이상에서 사용되고 있다.

(1) 사카린

합성감미료의 일종. 'saccha'는 'sugar'를 뜻하며 수용액 당도는 설탕(sucrose)의 500배 정도이다. 강한 단맛을 가졌음에도 칼로리가 없어 설탕 섭취가 제한돼 있는 당뇨병 환자나 다이어트용 음료 첨가물로 사용되고 있다.

(2) 아스파탐

페닐알라닌과 아스파르트산(酸)을 합성해 만든 아미노산계(系) 인공감미료로 감미도는 설탕의 200배 정도이지만, 식품의 특성과 사용 농도에 따라 150~200배를 나타낸다. 고감미 감미료 가운데 설탕과 가장 비슷한 맛이 나고, 인공감미료와 달리 쓴맛이 없다. 체내에서는 일반 단백질처럼 분해 · 소화 · 흡수되고, 포도 · 오렌지 · 레몬 등의 과일향을 높여주며, 의약품이나 커피 등의 쓴맛을 줄여주는 효과가 있다. 1g당 열량은 설탕과 같은 4kcal이지만, 설탕의 200분의 1만 사용하면 되기 때문에 저칼로리 감미료로 많이 쓰인다.

(3) 스테비오사이드

남아메리카 파라과이가 원산지인 국화과 여러해살이풀 스테비아(Stevia rebaudiana)의 잎에 함유된 글리코시드. 설탕의 약 300배에 달하는 단맛을 내는 천연감미료이다. 파라과이 · 브라질 · 일본 등 여러 나라에서 저칼로리 감미료로 쓰인다.

음료, 간장류, 주류, 과자류 등에 사용되어 왔으나 알코올과 화학반응하여 유독성 물질인 스테비올로 변화한다는 보고가 있어 선진국에서는 주류에 첨가하지 못하게 되어 있다. 한국에서는 소주 등에 감미료로 사용되고 있다.

(4) 수크랄로스(Sucralose)

수크랄로스(Sucralose)는 같은 중량의 설탕에 비해 600배의 단맛이 나는 식품첨가물(감미료)로 설탕을 원료로 하여 제조되어 설탕과 유사한 단맛을 나타내고 용해성과 안정성이 좋다.

수크랄로스는 열량이 거의 없고 소량 사용으로도 단맛을 낼 수 있어 설탕 대체 용도로 식품의 제조 · 가공에 널리 사용되고 있다.

수크랄로스는 우리나라에서 과자(1.8g/kg 이하), 추잉껌(2.6g/kg 이하), 잼류(0.4g/kg 이하) 등의 식품에 사용할 수 있다.

수크랄로스는 세계보건기구 산하 국제식품첨가물전문가위원회(JECFA)에서 안전성이 확인된 품목으로 우리나라를 비롯하여 유럽연합(EU), 미국, 일본 등 전 세계적으로 널리 사용되고 있다.

5) 전분의 특성

전분은 식물성 에너지 저장원으로 쌀, 보리, 밀가루 같은 곡류와 감자, 고구마 같은 서류의 주성분이다. 수많은 D. 글루코오스(포도당)가 축합반응을 일으키면서 길게 연결되어 만들어지는 다당류로서 아밀로오스와 아밀로펙틴의 혼합물이다.

(1) 전분의 노화

전분의 노화는 호화된 전분을 실온에 방치하면 투명도가 저하되면서 호화 이전의 상태 즉 생전분과 비슷한 구조로 되는 현상을 일컫는다.

전분의 노화는 호화된 전분이 식으면서 인접한 전분분자끼리 다시 수소결합을 이루어 부분적으로 재결정구조를 형성하여 노화가 일어나면 호화 시 많은 양의 물이 분자 내로 들어가 벌어졌던 구조가 다시 촘촘해지는 것을 말한다.

① 전분의 노화에 영향을 주는 인자

- 냉장 온도
- 15% 이하의 수분함량
- 낮은 pH
- 전분(아밀로오스)의 종류

② 전분의 노화 억제 및 예방 방법

- 수분함량의 조절
- 온도 조절
- 설탕 첨가

(2) 전분의 겔화(Gelation)

호화된 전분을 젓지 않고 급히 식히면서 굳히는 현상을 겔화라고 한다. 이 현상은 호화된 전분분자가 식으면서 인접한 분자 간에 수소결합이 생기는 것이다. 수소결합에 의해 분자 간의 재결합이 일어나는 것은 노화의 과정과 유사하나 급히 냉각시킴으로써 수분이 빠져나오지 못한 상태에서 입체적 망상구조를 형성하는 것이 차이점이다.

① 전분의 겔화 및 강도에 영향을 주는 인자

- 전분의 종류
- 설탕
- 유기산

(3) 전분의 호정화(Dextrinization)

전분을 묽은 산이나 효소로 가수분해시키거나 수분이 없는 상태에서 160~170℃로 가열하여 부분적으로 가수분해시킨 것으로 쌀, 옥수수 등을 팽화시킨 식품(뻥튀기), 미숫가루, 볶은 식품, 토스트 등이 그 예이다.

당이란 무엇인가?

우리가 살아가기 위해 필요한 영양소에는 탄수화물이 있는데, 이 중에서 단맛을 내는 것을 당이라고 한다. 과일, 사탕, 초콜릿 등이 단맛을 내는 것은 그 속에 당이 들어 있기 때문이다. 당은 곡류, 과일, 채소 같은 자연식품 속에 들어 있기도 하고, 식품을 만들 때 넣기도 한다.

단맛을 내는 식품, 설탕

당이 많이 있는 식품 중 하나는 설탕이다. 설탕은 영양소는 거의 없고 칼로리만 높아서 빈 영양소라고 한다. 빨리 흡수되므로 피곤할 때 먹으면 바로 에너지를 내지만, 많이 먹으면 건강에 해롭다.

백설탕

흑설탕

각설탕

커피슈거

종류에 따라 소화 · 흡수에 차이가 있는 당

자연식품 속의 당은 몸속에서 천천히 소화 · 흡수되지만, 가공식품 속의 당은 빨리 소화 · 흡수되어 갑자기 당이 많아진다. 그러면 몸의 균형이 깨지게 되고, 그 상태가 계속되면 건강에 해롭다.

숨어 있는 당을 찾아라!! 당이 많이 들어 있는 식품은?

식품의 맛이나 색을 강하게 하고, 오래 보존하기 위해 당을 넣는다. 사탕, 과자, 초콜릿, 음료류, 시리얼 등과 같은 가공식품에는 당이 많이 들어 있다.

식품 100g 중 당 함량

식빵 3쪽 9g	과일, 음료류 반 컵 12g	쿠키류 1봉지 22g	코코아 분말 5개 36g

머핀 1개 14g	스포츠 음료류 반 컵 6g	스낵류 1봉지 16g	초콜릿 가공품 3개 27g

단팥빵, 크림빵 1개 12g	탄산음료류 반 컵 9g	초콜릿 시리얼 2컵 41g	초콜릿 아이스크림 1개 34g

6) 한천

한천(agar)은 홍조류의 세포벽 성분으로 주성분은 다당류인 갈락탄(galactan)으로 이루어져 있다. 한천은 홍조류의 추출액을 여과하고 냉각한 후 만들어진 겔(gel)을 잘게 썰어서 동결시킨 후 건조 탈수하여 분말형태나 성형 후 상품화한다. 그러므로 한천은 물에 침지하여 흡수시킨 후 가열하여 용해시키면 조리에 활용할 수 있다.

(1) 한천의 성질

한천은 겔 형성능력이 강하며 고온에서 비교적 잘 견디는 겔형의 특성으로 식품에 많이 사용되고 있다. 한천의 겔 형성은 0.3~0.5%에서부터 이루어지나, 1.0~2.0%에서 매우 단단한 형태의 겔을 만든다.

(2) 한천 조리 시 첨가물

① 설탕의 첨가

한천의 농도가 일정할 때 한천분자에 수화된 물분자가 설탕의 탈수작용에 의해 제거된다. 한천분자 간 결합의 촉진 때문에 설탕의 첨가량이 많을수록 겔의 강도가 높아진다.

② 산

한천용액에 과즙을 첨가하는 경우 산이 다당류인 한천을 소분자물질로 분해하여 망상구조를 만드는 힘이 약해지기 때문에 산의 작용에 의해 겔의 형성능력이 저하된다.

③ 우유

우유에 함유된 유지방이 한천 겔의 망상구조 형성을 방해하기 때문에 한천 겔에 우유를 첨가하면 겔의 강도가 약화되나 안정한 겔을 만드는 것으로 알려져 있다.

(3) 한천 응용식품들

① 과일 젤리

한천용액을 만들어 설탕을 가하고 가열용해시켜 과즙을 첨가하여 성형 · 냉각시킨 것이다.

② 양갱

팥앙금이 끓으면, 가열한 한천용액을 첨가하여 다시 끓여준 후 성형하여 냉각시킨 것이다.

③ 안정제로 이용

고온에서 조리되는 제빵 · 제과 시 그리고 청량음료, 우유, 유제품 등의 안정제로도 이용된다.

7) 펙틴

펙틴은 식물의 줄기나 뿌리 또는 과실류의 세포막이나 세포막 사이에 함유되어 있으며, 하나의 단일물질에 대한 명칭이 아니라 공통된 구조나 성질을 지닌 여러 가지 물질에 대한 일반 명칭으로 프로토펙틴, 펙티닌산, 펙틴산으로 구분할 수 있다.

(1) 펙틴의 성질

① 수용성

펙틴은 물에 녹아 교질용액을 형성하는 것으로 점도가 매우 크며, 펙틴의 겔 형성능력은 분자의 크기에 의해 가장 큰 영향을 받는다.

② 알코올에 의해 추출

펙틴은 알코올이나 아세톤에는 녹지 않으며, 특히 알코올에 녹지 않는 성질을 이용하여 펙틴 추출액에서 펙틴을 침전 · 분리하여 함량을 관찰한다.

③ 산과 설탕의 동반 첨가로 강도 형성

펙틴의 농도가 0.5~1.5%, pH가 3.0~3.4, 설탕의 농도가 60~65%일 때 적당한 강도를 지니는 젤리, 잼, 마멀레이드와 같은 식품으로 가공할 수 있다.

(2) 펙틴 조리 시 첨가물의 영향

① 설탕의 첨가

펙틴분자의 교질용액에 설탕을 첨가하면, 설탕분자는 자신이 수화되기 위해 펙틴분자에 수화되어 있는 물분자를 제거한다.

② 산의 첨가

펙틴 겔은 한천이나 젤라틴 겔과는 달리 산을 첨가해도 겔 강도가 저하되지 않는다.

③ 펙틴 응용식품들

- 잼은 과일 과육의 펙틴을 이용하여 단단한 겔을 형성한 것이다.
- 마멀레이드는 과일의 과즙을 짜서 과육과 과편이 혼합되어 있는 상태를 겔로 만든 것으로 잼보다는 다소 부드러운 제품이다.
- 젤리는 과일의 충분한 펙틴과 유기산을 함유한 주스에 설탕을 첨가한 후 형태를 만들어 응고시킨 것이다.

03 단백질의 조리와 영양

1. 단백질의 영양

1) 단백질의 구성

단백질은 수많은 아미노산(amino acid)의 연결체이며 다른 영양소에 비해 매우 큰 분자이다. 아미노산은 탄소, 수소, 산소, 질소로 구성되며, 일부 아미노산은 황을 함유하고 있다. 단백질은 질소를 가지고 있는 것 외에도 분자구조의 변화가 매우 많고 복잡한 것이 특징이다.

단백질은 생물체 몸의 구성성분으로서, 또 세포 내의 각종 화학반응의 촉매역할을 하는 물질로서, 그리고 항체(抗體)를 형성하여 면역(免疫)을 담당하는 물질로서 대단히 중요한 유기물이다.

단백질에서 볼 수 있는 20종류의 아미노산은 모두 같은 탄소원자에 결합되어 있는 1개의 카르복실기(carboxyl group, $-COOH$)와 1개의 아미노기(amino group, $-NH_2$), 그리고 수소와 R기(R group)를 가지고 있다. R기는 단순히 수소일 수도 있고(glycine의 경우) 또는 복잡한 화학구조일 경우도 있다. 아미노산 특유의 화학적 특성을 나타내는 곁가지인 R부분이 아미노산의 형태와 이름을 결정한다.

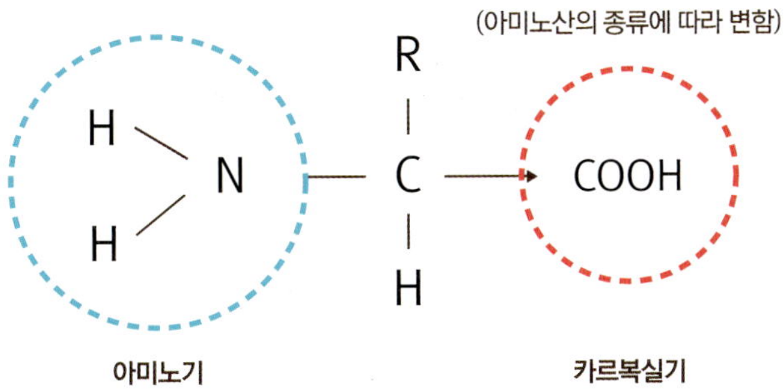

그림 1-2 아미노산의 일반구조

2) 필수아미노산이란

세포 내에서 단백질 합성이 원활하게 이루어지기 위해서는 모든 필수아미노산(체내에서 합성이 불가능한 아미노산, essential amino acid)이 필요한 비율로 골고루 존재해야 한다. 만일 필수아미노산 중 하나라도 없거나 부족하면 그 순간의 단백질 합성은 가장 부족한 필수아미노산(단백질 합성에 제한을 주기 때문에 제한아미노산(limiting amino acid)이라 함) 함량에 비례해서 일어난다. 이때 다른 필수아미노산을 충분히 공급하여도 대신 사용될 수 없으며, 가장 부족한 아미노산의 함량만큼만 단백질 합성이 일어나며 나머지 필수아미노산 또한 단백질 합성에 사용될 수 없다. 역으로 만일 하나의 아미노산이 과잉 섭취되어 높은 수준으로 존재하여도 독성이 있어서 성장이 지연되는 결과를 초래한다. 예를 들어 저단백식사에 어떤 단일 필수아미노산을 첨가하여 보충하면 오히려 아미노산의 불균형을 초래할 가능성이 높아진다.

비필수아미노산은 필요없나요?

단백질이 합성되기 위해서는 꼭 필수아미노산만 필요한 것이 아니라, 비필수아미노산도 비례해서 반드시 필요하다. 비필수아미노산은 체내에서 합성이 가능하다는 뜻이지 필요없다는 뜻은 아니다. 그러므로 단백질 합성이 원활하게 이루어지려면 필수아미노산의 양에 비례하여 비필수아미노산의 섭취도 필요하다. 즉 단백질 섭취량이 증가되면 필수아미노산의 필요량이 증가되고 필수아미노산과 비필수아미노산의 상대적인 비율이 중요하다는 것이다. 그러므로 총단백질 섭취량의 약 20~25%는 필수아미노산으로 구성되어야 최대의 효과가 있다.

아미노산은 체내 합성 여부에 따라 필수아미노산과 비필수아미노산으로 분류된다. 필수아미노산은 체내에서 합성되지 않거나 충분한 양이 합성되지 않으므로 식사를 통해 반드시 섭취해야 하는 아미노산이다. 그 종류로는 히스티딘(histidine), 이소류신(isoleucine), 류신(leucine), 라이신(lysine), 페닐알라닌(phenylalanine), 메티오닌(methionine), 트레오닌(threonine), 트립토판(tryptophane), 발린(valine)이 있다.

표 1-3 아미노산의 분류

필수아미노산(essential amino acids)	비필수아미노산(nonessential amino acids)
히스티딘(histidine)	알라닌(alanine)
이소류신(isoleucine)	아르기닌(arginine)
류신(leucine)	아스파르틱산(aspartic acid)
라이신(lysine)	시스테인(cysteine)
메티오닌(methionine)	글루타민산(glutamic acid)
페닐알라닌(phenylalanine)	글루타민(glutamine)
트레오닌(threonine)	글리신(glycine)
트립토판(tryptophane)	프롤린(proline)
발린(valine)	세린(serine)
	티로신(tyrosine)

3) 단백질의 종류

(1) 완전단백질(High-Quality protein)

필수아미노산을 포함해 모든 아미노산을 적절히 다 갖춘 음식을 '완전단백질'이라고 한다. 완전단백질은 주로 고기, 우유, 달걀 같은 동물성 재료로부터 나온다.

식품의 종류에 따라 단백질을 구성하고 있는 아미노산의 종류와 함량이 다르다. 즉 동물성 단백질은 보통 필수아미노산이 충분히 함유되어 있지만 식물성 단백질은 대부분 한 개 이상의 필수아미노산이 부족하게 함유되어 있다. 어떤 식품의 단백질이 모든 필수아미노산을 우리 몸이 필요로 하는 정도로 골고루 적당 비율로 함유하고 있으면 이 단백질을 완전단백질이라 한다. 예로써 우유의 카세인, 달걀 등의 동물성 단백질이 이에 속한다.

(2) 부분적으로 불완전한 단백질

동물의 성장을 돕지는 못하나 생명을 유지시키는 단백질로서 필수아미노산 중 몇 종류의 양이 충분치 못하므로 다른 단백질식품을 통한 필수아미노산의 보완이 필요하며 식물성 단백질이 이에 속한다.

- 제한아미노산 : 단백질이 충분히 높은 영양가를 가지기 위해서는 필수아미노산 상호 간의 비율이 일정한 범위 내에 있어야 한다. 만일 단 하나라도 필요량보다 적으면 다른 필수아미노산이 충분해도 그 적은 아미노산 때문에 영양가가 억제되고 만다. 이와 같은 아미노산을 제한아미노산이라고 한다.
- 단백질 상호보완 효과 : 필수아미노산 조성이 다른 두 개의 단백질을 함께 섭취하여 서로의 제한점을 보충하는 것을 단백질의 상호보완 효과라 한다. 콩밥의 경우, 쌀은 콩에 부족한 메티오닌(methionine)을 보강해 주고 콩은 쌀에 부족한 라이신(lysine)을 공급하여 두 식품의 단백질을 모두 효율적으로 활용할 수있게 된다.

표 1-4 식품 중의 제한아미노산과 급원식품

식품	제한아미노산	제한아미노산의 급원식품
채소류	메티오닌(methionine)	곡류, 견과류, 종실류
대두 및 기타 콩류	메티오닌(methionine)	곡류, 견과류, 종실류
곡류	라이신(lysine), 트레오닌(threonine)	콩류
옥수수	트립토판(tryptophane), 라이신(lysine)	콩류
종실류, 견과류	라이신(lysine)	콩류

(3) 불완전단백질

한 개 이상의 필수아미노산의 함량이 극히 부족한 단백질로서 장기간 섭취 시 동물의 성장이 지연되고 체중이 감소되며 몸이 쇠약해진다. 옥수수의 제인이나 동물성 단백질 중 젤라틴이 이에 속한다. 불완전단백질의 질을 영양학적으로 향상시키기 위하여 두 개의 식물성 단백질을 섭취하거나 소량의 동물성 단백질을 첨가하여 완전단백질로 만들 수 있다. 예를 들어 라이신이 부족한 곡류나 메티오닌이 부족한 콩류에 완전단백질을 함유한 우유를 첨가함으로써 즉 빵과 우유, 밥과 육류, 밥과 두부 등과 같이 골고루 식사를 하면 자연히 필수아미노산의 불균형이 해결되는 것이다. 이를 단백질의 상호보완작용이라고 한다.

4) 단백질의 기능

단백질의 주된 영양학적 기능은 조직단백질의 합성을 위해 필요한 아미노산을 공급하고 생물체의 정상적인 성장, 유지 및 기능에 필수적인 질소화합물을 공급해 주는 것이다. 단백질은 근육, 결합조직 등의 신체조직을 구성할 뿐만 아니라 효소, 항체, 호르몬 등을 합성하고 체내 필수물질의 운반과 저장, 체액과 산-염기의 균형 유지 등의 중요한 기능을 담당한다. 단백질은 신체의 에너지원으로도 이용되며, 필요한 경우 포도당을 합성한다. 체내에서 단백질이 효율적으로 이용되려면 에너지의 섭취도 충분해야 한다. 그렇지 않으면 단백질이 고유한 기능을 수행하기보다는 아미노산으로 분해되어 에너지를 제공하는 데 사용된다.

① 뼈, 근육의 대부분을 구성 : 결합조직, 인대, 모발, 손톱, 발톱, 치아

② 생명활동의 조절과 항상성의 유지 : 인슐린(insulin), 글루카곤(glucagon) 등의 호르몬 구성

③ 생화학반응속도를 증가시키는 촉매역할 : 효소 구성

④ 질병으로부터 방어 : 항체, 면역체, 혈액응고 단백질 형성

⑤ 산소 및 영양소 운반 : 혈액과 세포막의 운반 단백질

⑥ 체액의 평형유지 : 혈장 단백질인 알부민이 혈장의 삼투압을 유지하여 수분을 혈관 내로 재이동시킴으로써 혈장과 세포 간의 수분 평형을 유지한다. 그러므로 혈장 단백질인 알부민이 부족하면 혈장의 삼투압이 떨어지면서 수분이 혈관 내로 원활하게 회수되지 못하기 때문에 세포조직 사이에 수분이 잔류되어 부종이 생기게 된다.

⑦ 체액의 산 · 염기 조정 : 아미노산은 자체 내에 염기성기(아미노기)와 산성기(카르복실기)를 둘 다 가지고 있어 산 · 염기 양쪽의 역할을 다할 수 있는 성질이 있으므로 체액의 정상 산도(pH 7.4)를 유지시키는 완충제로 작용한다.

⑧ 1g당 4kcal의 에너지 공급 : 에너지원으로 사용되는 것은 바람직하지 않다.

단백질의 조리적 특성

① 용해성(solubility) ② 점성(viscosity)
③ 기포성(foaming) ④ 등전점(isoelectric point)
⑤ 변성 ⑥ 메일라드반응

2. 단백질 함유식품의 조리

1) 두류의 조리 특성

두류는 콩과 식물에 속하는 것으로 동양이 원산지이고 5000년 전부터 재배되었다. 대두단백질의 아미노산 조성이 동물성 단백질과 유사하며, 특히 라이신 함량이 높고, 라이신 함량이 부족한 곡류와 혼용하면 바람직하다.

(1) 두류의 영양적 특징

① 두류는 곡류보다 단백질의 함량이 약 2~5배나 높으며, 함유된 단백질의 영양학적 가치는 육류와 유사한 것으로 평가되고 있다.

② 비타민 B군 및 칼륨과 인 등 무기질의 함량이 많다.

③ 대두는 메티오닌, 팥과 완두는 메티오닌과 트립토판, 낙화생은 라이신, 메티오닌, 트립토판이 부족한 필수아미노산이다.

④ 콩의 담황색 물질인 isoflavones은 강력한 항암작용이 있으며, 콩의 지질과 단백질은 혈액 중의 콜레스테롤 농도를 낮춰준다.

(2) 두류의 조리에 의한 특성의 변화

① 흡습성

콩은 물에 담가 불리는데 그 이유는 가열시간의 단축이나 조직의 균일한 연화 등 익힘성을 목적으로 하거나 두류에 함유된 타닌, 사포닌, 시안화합물 등의 불순물을 제거하기 위해서다.

두류의 흡수속도는 콩의 저장기간, 보존상태, 수온, 침전액의 종류와 양에 따라 다르다.

팥 이외의 두류는 수온 19~24.5℃에 담근 후 5~7시간 동안은 수분흡수가 빠르고 그 후는 천천히 흡수되어 약 20시간에서는 거의 포화상태에 이르고 본래 콩 무게의 90% 이상 물을 흡수하게 된다.

그러나 팥은 표피가 단단하여 처음에는 작은 구멍에서 약간 흡수가 일어나는데 이것은 표면 전체에서 물을 흡수하는 대두 등과 흡수구조가 달라 초기에 흡수가 천천히 일어나다가 20시간 이후에는 최대 흡수량에 이른다. 따라서 팥은 물에 담그지 않고 직접 가열하는 경우가 많다.

콩을 담그는 물의 온도가 높을수록 흡수속도가 빨라지나 60~80℃의 물에 담그면 오히려 콩이 연화되기 어렵고 90℃로 하면 연화시간이 빨라진다.

물 2컵당 1/8ts의 중탄산소다를 넣어주거나 0.2% 탄산칼륨이나 탄산나트륨을 넣으면 물의 흡수가 한층 증가한다. 또한 대두 단백질인 글리시닌은 소금과 같은 중성염용액에 녹는 성질을 갖고 있기 때문에 소금물에 대두를 불리면 쉽게 연화된다.

② 가열

대두를 삶을 때 종피는 물을 흡수하면 팽윤하나 자엽은 팽윤이 느리기 때문에 주름이 생긴다. 이를 방지하기 위해 끓기 전에 냉수를 부어 수온을 50℃로 낮추어 주면 종피와 자엽의 온도가 균일해지면서 물이 잘 흡수되어 연해진다. 또한 설탕농도가 높으면 삼투압이 높아져 자엽은 수축하고 종피에 주름이 생겨 딱딱하게 되는데 설탕을 3회 정도 나누어 넣거나 설탕농도를 조금씩 높이면 주름을 막을 수 있다. 묽은 소금물에 담가 팽윤시킨 후 콩을 가열하면 물로만 한 것보다 빨리 연해지는데 이것은 대두 단백질인 글리시닌이 염용액에 용해되기 때문이다. 중조 등을 넣은 알칼리성 물로 가열하면 조직이 연해지지만 맛이 나빠지고 알칼리 작용에 의해 비타민 B_1이 파괴된다. 대두를 삶을 때 거품이 생기는 것은 사포닌 때문이며, 압력솥에 삶으면 가열시간이 단축되고 감촉도 좋아진다.

가열하면 대두 단백질의 펩티드 결합이 풀려서 단백질 분해효소가 단백질 분자의 내부구조까지 들어가기 쉽게 되므로 소화성이 높아지며, 날콩 속에 함유되어 있는 트립신 저해물질이나 적혈구응집소 등의 기능이 상실됨에 따라 단백질의 이용률이 증가된다.

메주콩을 삶았을 때 짙은 갈색이나 간장의 색은 가열에 의한 아미노카보닐 반응이다.

③ 용해성과 응고성

대두 단백질인 글리시닌과 레구멜린은 대두를 마쇄하여 물로 추출하면 약 90%까지 용출되는데 이 단백질의 등전점인 pH 4~5로 맞추면 대부분의 단백질이 불용성이 된다. 또 이것은 칼슘염이나 마그네슘염의 묽은 용액에서도 응고가 일어나는데 이것을 염석이라 하며 이를 이용하여 두부를 제조한다.

(3) 두류의 응용식품

두류의 조직은 매우 단단하므로 가열하여 식용할 경우에도 다른 곡류에 비해 비교적 소화율이 낮은 편이어서 여러 가지 방법으로 가공함으로써 소화 및 흡수율을 향상시키는 장점이 있다.

① 발효식품

- 간장, 된장 : 대두 발효식품인 간장, 된장은 예로부터 전해 내려온 조미식품으로 간장의 '간'은 소금의 짠맛을 의미하고 된장의 '된'은 되다는 뜻이 있다. 이것의 원료가 되는 콩을 쪄서 메주를 만들고 여기에 소금물을 첨가하여 발효시킨 후 여액은 간장으로 하고, 나머지를 된장으로 한다.

- 재래식 된장 : 여러 종류의 균을 이용하여 삶은 대두만을 자연 발효시켜 메주를 만든 후 간장을 뺀 찌꺼기를 다시 계속 발효시켜서 만든 것으로, 단맛과 감칠맛이 적음.
- 개량식 된장 : 대두와 쌀 또는 보리 코지를 섞어 물과 소금을 넣고 일정 기간 숙성시킨 것으로 숙성 중에 국균에 있던 효소에 의하여 단백질과 전분이 가수분해되므로 아미노산과 당을 다량 함유한다.
- 된장이 숙성되는 동안 유산균과 효모에 의하여 발효가 일어나 유기산과 알코올이 생성되어 된장의 맛에 기여한다.
- 단백질 분자의 대부분이 분해되어 펩타이드 상태로 되어 있는데, 펩타이드는 아미노산에 비해 분자량이 큰 콜로이드 입자 상태이며, 여러 물질을 흡착하는 작용을 한다.
- 15~18%의 식염을 함유하고 있음에도 불구하고 단백질의 분해산물인 아미노산과 저분자량의 펩타이드에 의하여 짠맛을 덜 느끼게 하고, 어육과 수육의 바람직하지 않은 냄새를 가리며, 산미와 쓰고 떫은맛을 약화시키는 완충작용을 한다.

- 고추장 : 고추장은 간장, 된장과 함께 대표적인 발효식품으로 탄수화물의 가수분해로 생성된 당류의 단맛, 단백질이 분해되어 생성된 아미노산의 감칠맛, 고추의 매운맛과 소금의 짠맛 등이 조화를 이룬 식품이다. 고추장의 경우 고추가 임진왜란 이후에 도입되었으므로 간장이나 된장에 비해 식용한 역사가 그리 길지는 않다. 고추장의 주원료인 전분은 기호와 지역에 따라 멥쌀, 찹쌀, 밀이 널리 쓰이나 일반적으로 찹쌀이 많이 이용된다.
- 청국장 : 청국장은 가을부터 이듬해 봄까지 만들어 먹는 식품으로 콩과 볏짚에 붙어 있는 Bacillus subtilis를 이용하여 만든 것으로 독특한 향기와 감칠맛을 낸다. 청국장은 파, 마늘, 고춧가루, 소금을 넣어 마쇄

한 다음 이를 후숙시켜 저장성을 가지며 독특한 향기와 감칠맛을 낸다.

- 기타 : 일본의 낫토는 우리나라의 청국장과 유사한데 Bacillus natto를 이용하여 발효한 것으로 간장이나 겨자와 함께 그대로 식용한다. 인도네시아를 대표하는 콩 발효식품인 템페는 콩을 물에 불린 뒤 껍질을 벗겨 익힌 콩에 템페의 종균을 섞어 둥근 조각으로 빚은 뒤 바나나 껍질로 싸서 30℃ 정도에서 1~2일 동안 발효시킨 것이다. 템페는 그대로 먹는 일은 거의 없고 간장을 발라서 굽거나 얇게 썰어 기름에 튀기거나 수프에 넣어 먹는다.

② 비발효식품

- 두유 : 우리나라에서는 두유를 콩국이라 하여 예로부터 여름에 음료나 국수를 말아먹는 데 이용하여 왔으며 유당불내증유아의 우유 대용 식품으로 이용해 왔다. 두유는 모유나 우유에 비해 단백질 함량은 높으나 메티오닌과 지방 함량이 부족하다. 두유를 만들 때 콩을 덜 삶으면 비린내가 나고 너무 오래 삶으면 메주콩 냄새가 나므로 적절히 삶아야 고소한 맛이 난다.
- 두부 : 두부는 콩을 물에 불려 분쇄한 후 끓여서 불용성 성분을 제거하고 응고제를 넣어 대두 단백질인 글리시닌을 대두의 유지성분과 함께 응고시킨 것을 압착한 것이다. 제조과정 중 불용성 단백질과 상당량의 탄수화물 및 지방질은 여과시킬 때 비지로써 제거되며 나머지 지방과 당은 단백질 응고 시 두부 속에 포함된다. 두부는 수분을 86~90% 정도 함유하고 있어 가열처리를 하는 조리에서는 두부의 열응고력을 남기기 위해 우선 가벼운 무게를 이용하여 탈수하고, 가열처리하지 않는 조리일 때는 단시간 열탕에 넣어 가열탈수를 한다. 이것은 살균의 의미도 있지만 가열처리하면 자유수가 분리돼서 조리시간이 경과해도 수분이 많지 않기 때문이다. 두부는 가열조리 시 80℃ 이상에서 급격하게 경도가 높아진다. 또 90℃에서 30분간 가열하면 구멍이 생기기 시작하고 100℃에서는 더 심해지면서 단단해지는데 0.5~1%의 소금을 가해주면 방지할 수 있다. 두부는 수분이 많아 변질이 빠르기 때문에 위생면에서 주의가 필요하다.

2) 육류의 조리 특성

육류는 동물성 단백질의 주요 급원식품이다. 우리나라에서는 주로 쇠고기, 돼지고기를 선호하며 그 밖에 토끼, 말, 산돼지 등의 육류를 식용하기도 한다.

(1) 육류 연화의 조리적 특성

① 육질에 영향을 미치는 요인

육류의 질긴 정도를 평가하는 육질은 조리하고자 하는 식품에 따라 요구되는 육질이 다르다.

- 동물의 연령
- 동물 근육의 운동량
- 동물 지방분포의 상태

② 육류의 연화방법

- 단백질 가수분해효소 첨가(연육제) : 파파야의 파파인, 파이애플의 브로멜린, 무화과 열매의 피신, 키위의 액티니딘과 배 또는 생강에 들어있는 단백질 분해효소(프로테아제)가 고기를 연화시키기 위한 목적으로 첨가된다.
- pH 조절 : 근육 단백질의 등전점인 pH 5~6보다 낮거나 높게 한다. 등전점에서는 단백질의 용해도가 가장 낮기 때문이다. 고기를 숙성시키기 위해 젖산 생성을 촉진시키거나, 그와 비슷한 효과를 얻기 위해 인위적으로 산을 첨가하기도 한다.
- 염의 첨가 : 식염용액(1.2~1.5%), 인산염용액(0.2M)의 수화작용에 의해 근육단백질이 연해진다. 그러나 지나치게 많이 첨가할 경우 탈수작용을 일으켜 오히려 질겨진다.
- 설탕의 첨가 : 설탕은 단백질의 열응고를 지연시키므로 단백질 연화작용을 한다. 그러나 너무 많이 첨가하면 탈수작용으로 인해 고기의 질이 좋지 않아진다.
- 기계적 방법 : 만육기(meat chopper)로 두드리거나 칼등으로 두드림으로써 결합조직과 근섬유를 끊어주거나 칼로 썰 때 고기질의 직각방향으로 썬다.

(2) 육류의 가열조리

① 습열조리법

습열조리란 곰국이나 설렁탕, 스튜처럼 물을 사용하여 고기를 익히는 조리방법으로 결체조직인 콜라겐이 젤라틴으로 변화되어 연화되므로 질긴 부위의 고기 조리방법에 적당하다.

② 건열조리법

건열조리법이란 물을 사용하지 않고 직접 또는 간접적으로 열을 가하여 조리하는 것으로 어깨부위, 등심, 갈비, 엉덩이 부위같이 연한 부위의 고기에 유용한 조리방법이다.

가열에 의한 육류의 변화

• 육류 단백질의 변화

① 근섬유 단백질과 결합조직의 응고에 따라 수분과 지방의 손실이 일어난다.

② 가열온도가 높고, 가열시간이 길수록 근육섬유는 더 많이 수축하고, 수분이 많이 유출되어 고기 육즙 함량은 감소한다.

• 결합조직의 변화

① 육류의 결합조직 중에서 콜라겐 섬유는 쉽게 액화되지만, 엘라스틴 섬유는 가열을 해도 거의 변동이 없다.

② 고기를 가열하기 시작하면 콜라겐 결합조직이 우선 수축하여 근육을 둥글게 오므라들게 한다.

③ 콜라겐이 첫 단계로 수축한 후에도 계속해서 가열하면 콜라겐 섬유는 서서히 분해되어 물에 분산될 수 있는 젤라틴으로 변한다.

④ 콜라겐이 젤라틴으로 변할수록 고기는 연해진다.

• 근육섬유의 변화

① 결합조직을 연하게 하기 위하여 고열로 장시간 가열하면 많은 양

의 콜라겐이 젤라틴화되나 근육 단백질은 크게 수축하여 질기고 단단해지는 조직이 된다.

② 폴리펩타이드 사슬은 가열에 의하여 수축하는 성질을 가지고 있기 때문에 온도가 높을수록, 가열시간이 길수록 많이 수축한다.

③ 질긴 부위의 고기를 연하게 조리하려면 물이 100℃로 끓기 시작할 때 불을 약하게 유지하면서 오래 끓이는 것이 좋다.

■ 고병원성 AI가 발생한 지역의 닭고기 · 오리고기 및 달걀을 먹어도 이상이 없는지요?

고병원성 AI가 발생된 농장의 닭에서는 달걀이 생산되지 않으며, 발생 위험성이 높은 지역 내(3km 이내)에서 사육되는 닭 · 오리뿐만 아니라 종란과 식용란까지도 이동이 엄격하게 통제된 상태에서 살처분 · 매몰 또는 폐기하기 때문에 시중에 유통되는 경우는 있을 수 없습니다.

또한 AI에 걸린 닭들은 털이 빠지지 않고 검붉게 굳으면서 죽기 때문에 시장 출하가 불가능합니다. (정상적인 닭고기는 도축과정에서 피를 빼내기 때문에 붉지 않습니다.)

그러므로 우리나라에서 생산되는 닭 · 오리고기나 달걀 등은 안전하므로 마음 놓고 소비하셔도 됩니다.

만에 하나, 조류인플루엔자 바이러스에 오염되었다 하더라도 70℃에서 30분, 75℃에서 5분간 열처리하면 바이러스가 모두 사멸되므로 끓여 먹으면 절대적으로 안전합니다. 세계보건기구(WHO), 국제연합식량농업기구(FAO) 등에서도 익힌 닭고기, 오리고기 및 달걀 섭취로 인한 전염 위험성은 없는 것으로 결론지은 바 있습니다.

현재 인체감염사례가 나타나고 있는 베트남이나 태국, 홍콩의 예에서도 닭고기나 오리고기 또는 달걀을 먹어서 감염된 경우는 없었습니다. 사람이 섭취했을 경우 위장 내에서 분비되는 강한 위산에 의해 바이러스가 쉽게 사멸되기 때문입니다.

3) 젤라틴의 조리 특성

젤라틴은 동물의 결체조직에 존재하는 콜라겐을 부분적으로 가수분해하여 얻는 유도단백질이다. 그러므로 동물의 표피나 인대조직, 뼈 등을 알칼리 또는 묽은 산으로 가수분해하여 얻을 수 있다.

(1) 젤라틴의 성질

젤라틴은 한천과 마찬가지로 물에 침지하여 흡수시킨 후 가열하여 용해시켜서 사용한다. 젤라틴은 무게의 약 10배의 물을 흡수하며, 흡수 · 팽윤된 젤라틴은 한천보다 잘 녹는다. 젤라틴은 침지시간이 길고 농도가 낮을수록 그리고 용해온도가 높을수록 잘 녹는 특성이 있다.

(2) 젤라틴 조리 시 첨가물의 영향

① 설탕의 첨가

젤라틴은 한천과 달리 설탕 첨가량이 증가할수록 겔 강도를 감소시켜 부드러운 젤리를 형성한다.

② 산의 첨가

젤라틴에 과일즙이나 레몬즙 등을 첨가하여 pH 4.5~8.0의 범위에서는 안정적이다.

③ 효소의 첨가

젤라틴은 불완전단백질이다. 그러므로 단백질 분해효소는 젤라틴을 분해하여, 겔화되는 능력을 저하시킨다.

④ 염류의 첨가

젤라틴에 염류를 첨가하는 경우 산과 반대로 단단한 응고물을 형성하므로 무기질의 함량이 높은 물로 제조하여 더 단단한 젤라틴 젤리를 형성할 수 있도록 유도할 수 있다.

(3) 젤라틴 응용식품

① 저칼로리 식품

저칼로리의 다이어트 식품으로 특별한 조직감과 질감을 지니는 젤리과자의 제조 및 찬 디저트를 만드는 데 이용된다.

② 타닌 제거 목적의 첨가물

젤라틴이 타닌과 불용성 염을 형성하므로, 과즙의 타닌을 제거하기 위해 젤라틴을 첨가한다.

③ 식품 안정제

젤라틴을 식품에 첨가하여 안정제로 활용하고 있다.

④ 식품의 건조 방지 피막 및 코팅제

젤라틴은 식품의 건조를 방지 또는 억제하기 위한 피막이나 코팅제로 이용되고 있다.

04 지질의 조리와 영양

1. 지질이란

지질은 열량 발생률이 가장 높은 영양소로, 그 필요량은 총 에너지 필요량에 따라 달라질 뿐만 아니라 단백질과 탄수화물을 얼마나 섭취하였느냐에 따라서도 달라진다. 지질은 높은 에너지원(1g당 9kcal)인 동시에 섭취 식품의 수용도에도 큰 영향을 미치는 영양소이며, 지질에 용해되는 지용성 비타민류를 운반하는 역할도 한다. 지질 중에 필수지방산은 반드시 식품으로 공급되어야 한다.

1) 지질의 종류

우리나라는 최근 10여 년 동안 식생활이 급격히 서구화되어 우리 국민의 총 에너지에 대한 지질비율이 꾸준히 증가하고 있는 추세이다.

(1) 중성지방(Triglycerides, TG)

중성지방은 식이지질의 주된 성분으로서 열량영양소 중에서 가장 농축된 에너지 급원(9kcal/g)일 뿐만 아니라 지용성 비타민의 소화 흡수를 돕고, 식품의 향미를 증가시켜 미각을 돋운다.

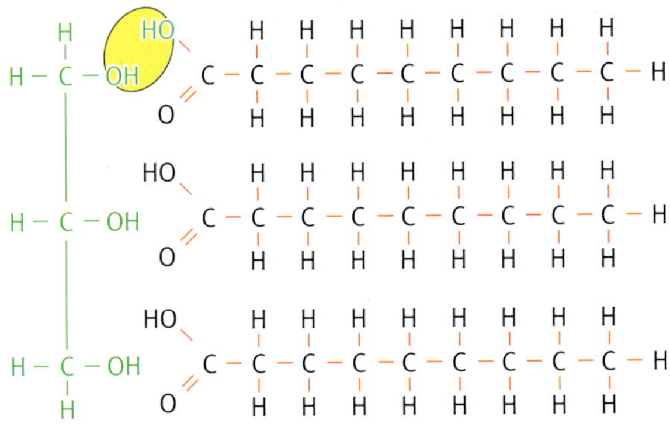

(2) 지방산(Fatty acid)

지질을 구성하는 대표적 성분인 지방산은 탄소 수 4~26개로 구성되며 식품급원에 따라 탄소 수와 불포화 정도가 다르다. 포화 및 단일 불포화지방산은 생체 내에서 acetyl CoA로부터 쉽게 합성되므로 필수적인 식이성분은 아니며, 주로 동물성 식품에 함량이 높다.

(3) 시스(Cis), 트랜스(Trans)형

불포화지방산의 경우 이중결합을 중심으로 좌우 탄소사슬의 모양에 따라 시스형과 트랜스형으로 나뉜다. 시스는 같은 방향(same side)이나 서로가 인접함(near each other)을 뜻하고, 트랜스는 가로지르는(across) 또는 반대의(opposite)라는 뜻이다.

■ 탄소 수

탄소 수가 많을수록 지방산의 사슬길이가 길어지고 물에 쉽게 용해되지 않으며 녹는점이 높다. 식품에 함유되어 있는 지방산의 대부분은 긴 사슬 지방산이며 생체 내의 지방산도 12~22개의 탄소 수를 갖는다.

표 1-5 탄소 수에 따른 지방산의 분류

명칭	탄소 수	분포	비고
짧은 사슬 지방산(short chain fatty acids)	4~6	우유, 버터	*자연계에는 C_{18}이 가장 많이 존재함
중간 사슬 지방산(medium chain fatty acids)	8~12	야자유, 코코넛유	
긴 사슬 지방산(long chain fatty acids)	14~20	동물성유, 식물성유	
매우 긴 사슬 지방산(extra long chain fatty acids)	22 이상	어유	

이중결합의 수

• 포화지방산(Saturated fatty acid)

탄소와 탄소 사이에 이중결합 없이 단일결합(-C-C-)으로만 되어 있는 지방산을 포화지방산(saturated fatty acid)이라고 한다. 이런 지방산을 많이 가지고 있는 지방은 녹는점이 높아 실온에서 고체이다. 대부분의 동물성 지방이 포화지방산을 많이 함유하며 소고기나 돼지고기의 하얀 기름 부분이 좋은 예이다.

대표적인 포화지방산에는 팜유에 많은 양이 함유되어 있는 palmitic acid(C_{16}:0)로 $C_{16}H_{32}O_2$의 구조식을 가지며, 직선상의 체인구조로 녹는점이 높아 상온에서 고체상태로 존재하고, 많이 섭취하였을 때 혈액 내의 콜레스테롤 수치를 높여 심장질환의 발병률을 높이는 원인이 된다.

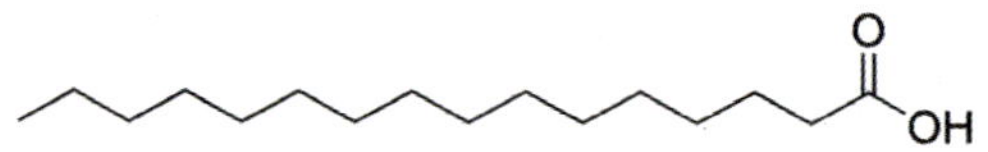

※ 포화지방산 영양섭취기준(한국인 영양섭취기준, '10) : 4.5~7.0%E(19세 이상)

그림 1-3 Palmitic acid의 구조

• 불포화지방산(Unsaturated fatty acid)

이중결합(-C=C-)을 한 개 가진 지방산을 단일불포화지방산(monounsaturated fatty acid; MUFA)이라고 하며 이중결합을 두 개 이상 가진 지방산을 다중불포화지방산(polyunsaturated fatty acid; PUFA)이라고 한다. 불포화지방산이 많은 지방은 녹는점이 낮아 실온에서 액체이며 대부분의 식물성 기름이 이에 속한다. 대표적인 단일불포화지방산인 올리브 오일에 많은 oleic acid(C_{18}:1, n-9)는 $C_{18}H_{34}O_2$의 구조식을 가지며, 이중결합에 의하여 지방산 골격이 구부러지는 구조로 녹는점이 비교적 낮아 상온에서 액체상태로 존재하고, 이들 불포화지방산은 다량 섭취하였을 때 혈액 내의 콜레스테롤 수치를 낮추어 순환기계 질병을 예방하는 효과를 나타낸다.

불포화지방산의 이중결합이 어느 곳에서 시작하는가는 매우 중요한 의미를 가지며, 이에 따라 불포화지방산을 분류하는 방법에는 오메가(ω)분류법이 있다. 몇 번째 탄소에 이중결합이 있는가에 따라 ω-3 또는 ω-6 지방산으로 나눌 수 있다.

PUFA(polyunsaturated fatty acid) 중에서 탄소 수 20개 이상이며 3개 이상의 불포화결합을 가진 지방산 γ-linolenic acid(20:3, ω-6), arachidonic acid(20:4, ω-6), eicosapentaenoic acid(20:5, ω-3 : EPA)는 생체조절물질인 eicosanoid(prostaglandins, thromboxanes, leukotrienes)의 직접적인 전구체이다.

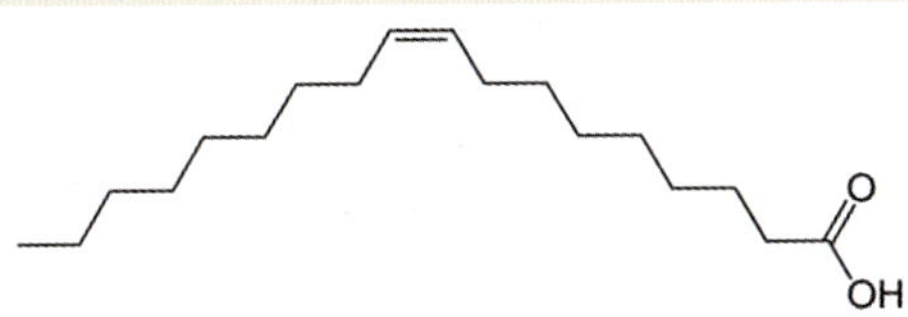

※ 불포화지방산 영양섭취기준(한국인 영양섭취기준, '10) : n-6계 지방산 4~8%E, n-3계 지방산 1%E 내외(1세 이상)

그림 1-4 Oleic acid의 구조

■ 트랜스지방의 문제

고온에서 가열되거나 외부 충격을 받아 만들어진 트랜스지방산의 문제는 배설되지 않는다는 것이며 더 큰 문제는 이들이 필수지방산의 자리를 빼앗아버린다는 것이다. 또 뇌를 비롯한 몸 전체의 세포막과 호르몬, 각종 효소 등 생체기능 조절물질의 구조를 왜곡한다는 것이다.

뇌의 경우, 뇌세포의 세포막이 트랜스지방산으로 이루어진다면 두뇌활동과 뇌기능 저하로 이어지게 되어 성인은 만성피로증후군, 어린이들은 과잉행동증후군의 원인이 된다. 영국의 의학회지 『랜싯』은 트랜스지방산 섭취를 2% 늘리면 심장병 발생 위험이 28%, 당뇨병 발생률은 39% 증가한다고 발표했다.

■ 오메가-3 지방산

- 혈관 벽을 보호하고 심장박동을 조절하는 등 여러 가지 작용을 도와 심장질환을 예방하는 성분이다.
- 오메가-3 지방산인 DHA, EPA는 혈중 콜레스테롤을 감소시키고 혈전 예방 효과가 뛰어나다.
- 건강한 인간의 뇌는 거의 10%가 오메가-3 지방산으로 이루어져 있는데 이것은 우리 몸에서 만들어지지 않으므로 음식을 통해 필수적으로 섭취해야 한다.

(4) 인지질(Phospholipid)

인지질은 중성지질과 유사한 구조를 갖고 있으나 글리세롤에 지방산뿐만 아니라 인산이 결합되며 여기에 염기가 연결되어 있다. 신체 내에서 또는 식품가공 시 중요한 유화제의 역할을 한다.

(5) 콜레스테롤(Cholesterol)

콜레스테롤은 모든 동물조직에서 볼 수 있는 필수 신체성분으로, 특히 뇌와 신경조직에 많이 농축되어 있으며 담즙, 비타민 D, 테스토스테론이나 에스트로겐과 같은 성호르몬의 합성을 위한 전구물질이다. 주로 간, 달걀 노른자, 육류, 새우, 조개류 등에 많이 들어 있다.

■ 필수지방산

필수지방산이란 체내에 꼭 필요하나 체내에서 합성되지 않거나 합성되는 양이 부족하여 식사를 통해 섭취되어야 하는 지방산으로, 탄소 수 18개 이상이며 cis결합 두 개 이상을 가진 PUFA로 식물성 식품에 많이 함유되어 있다. 그 주된 기능은 생체막의 구조적 완전성과 막기능, eicosanoid의 생성과 관련된 전구체로서의 역할과 eicosanoid 생성조절기능, 피부의 보전 등이며, linoleic acid(18:2, ω-6)와 α-linolenic acid(18:3, ω-3)가 필수지방산에 포함된다. 필수지방산 결핍증세를 방지하기 위한 linoleic acid의 식이 수준은 칼로리의 1~2%로서 매우 낮다. α-linolenic acid가 linoleic acid를 완전히 대체할 수는 없으나 동물실험에서 정상적인 성장과 피부수분 손실 예방효과로 linoleic acid의 10% 정도가 효과적인 것으로 밝혀졌다.

2) 지질의 기능

(1) 중성지질

① 필수지방산의 공급

필수지방산이란 신체를 정상적으로 성장시키고 유지시키며 체내의 여러 생리적 과정을 수행하는 데 꼭 필요한 성분이다. 그러나 체내에서 합성되지 않거나 합성되는 양이 매우 적어 식품을 통해 섭취되어야 하는 지방산으로, 탄소 수 18개 이상이며 cis결합 두 개 이상을 가진 PUFA로 식물성 식품에 많이 함유되어 있다.

② 농축된 에너지원

탄수화물이나 단백질이 1g당 4kcal를 공급하는 것에 비해 지방은 1g당 9kcal를 공급한다.

③ 지용성 비타민의 흡수 촉진

지용성 비타민은 지질에 녹아 있는 상태로 소화·흡수되므로 지방의 섭취가 적어지면 흡수율이 저하된다. 따라서 소장에서 지방 흡수의 장애가 생기면 지용성 비타민의 영양상태도 나빠진다.

3) 지질과 건강

지방은 단백질이나 탄수화물과 비교해 볼 때 단위그램당 열량이 높으며, 식욕을 촉진한다. 지방은 열량 섭취가 비슷한 상황일지라도 탄수화물이나 단백질보다 체내에서 더 효과적으로 지방으로 저장되며, 식이지방은 건강의 위험을 증가시키는 복부에 우선적으로 저장된다.

표 1-6 **식품 중 지방함유율**

식품명	지방함유율(%)	식품명	지방함유율(%)
크루아상	28.1	가공치즈	26
쇠고기 등심	37.7	생크림	20.0
삼겹살	40.2	마요네즈	72.5
소시지	24.8	땅콩버터	51.3

(1) 지방이 우리 건강에 미치는 영향

지방은 우리 몸의 성장과 건강을 위해 꼭 필요하다. 그러나 지나치게 많이 먹으면 비만이 되거나 병에 걸리게 된다. 특히 포화지방과 트랜스지방은 혈관에 쌓이는 찌꺼기를 많이 만들어낸다. 혈관에 찌꺼기가 쌓이면 우리 몸에 필요한 산소와 영양소들을 공급하는 혈액이 다닐 수 있는 길이 좁아진다.

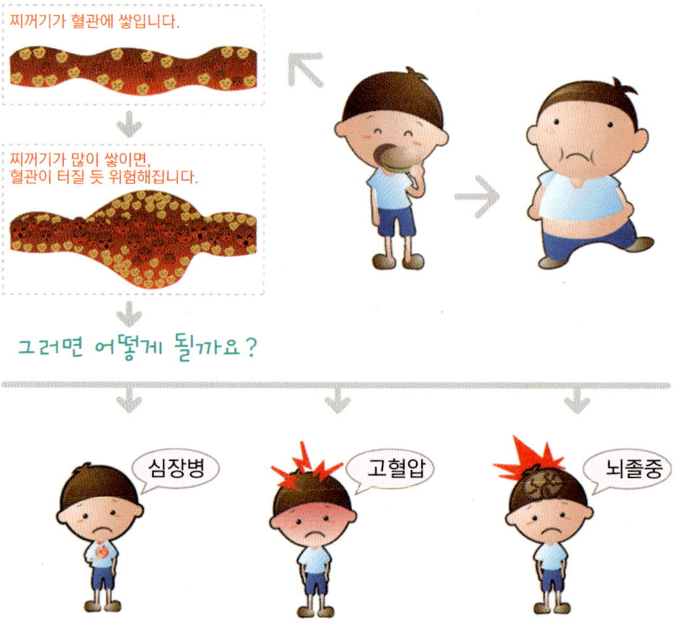

(2) 돌연변이, 트랜스지방

트랜스지방은 액체상태인 식물성 지방에 수소를 첨가하여 고체상태로 만들 때 생겨나는 지방이다. 음식을 보기 좋게 더 맛있게 하는 효과가 있어서 시중에 유통되는 가공식품에 들어 있다.

지방과 트랜스지방이 많은 식품!

식품에 지방이 많다고 트랜스지방도 많은 것은 아닙니다. 트랜스지방은 주로 가공식품에 들어 있습니다. 가공식품을 살 때 트랜스지방 함량을 꼭 확인하세요.

트랜스지방, 먹지 마세요!

미국 하버드 의대에서는 트랜스지방은 포화지방보다 2배 정도 건강에 더 나쁘다고 발표하였습니다. 왜냐하면 트랜스지방은 포화지방처럼 '나쁜 콜레스테롤'을 높이고 '좋은 콜레스테롤'은 더 낮추기 때문입니다.

■ 등푸른생선, 알고 드시면 더 좋아요!

• 등푸른생선에 많이 들어 있는 영양소는

○ DHA, EPA 등과 같은 오메가-3 지방산이 다량 함유되어 있어 혈중 중성지질 및 혈행 개선효과와 어린이 두뇌발달에 도움을 준다.

○ 비타민 A, B_2, D 등의 비타민과 셀레늄 등의 무기질 함량이 높아 어린이 성장발달 및 면역력을 높여준다.

- 고등어는 비타민 A(40㎍/100g) 함유량이 높고, 꽁치(구운 것)는 비타민 D가 16㎍/100g으로 1일 성인 필요량의 3배가량을 함유하고 있다.
- 삼치는 비타민 B_2와 나이아신 등 비타민 및 칼슘(24mg/100g)과 인(214mg/100g) 등 무기질 함량이 매우 높다.

• 임산부, 환자 등의 섭취 시 주의사항

○ 임산부, 가임여성, 수유모 및 유아는 참치, 황새치 등 심해성 어류에 메틸수은 함유 가능성이 있으므로 주 1회(100g) 이하로 섭취하는 것이 좋다.

○ 통풍환자의 경우 퓨린(purine) 함량이 높은 등푸른생선 섭취 시 체내 요산농도가 증가되어 통풍이 악화될 수 있으므로 가급적 섭취하지 않는 것이 좋다.

○ 신선하지 않은 등푸른생선은 히스타민(histamine)을 생성해 알레르기를 일으킬 수 있으므로 보관 및 섭취에 주의해야 한다.

- 히스타민은 가열해도 없어지지 않기 때문에 신선하지 않은 생선은 섭취하지 말고, 저장 시에는 냉장 또는 냉동상태로 보관해야 한다.
- 조리 전에 신선한 생선을 3시간 정도 소금물에 담근 후 식초물에 헹구면 히스타민 생성을 억제하는 효과가 있다.

- **등푸른생선과 같이 먹으면 좋은 음식은**

○ 두부와 생선은 서로 부족한 영양소를 보충해 주기 때문에 함께 섭취하는 것이 좋다.

  – 생선에는 아미노산 중 페닐알라닌(phenylalanine)이, 두부에는 메티오닌(methionine)과 라이신(lysine)이 부족하지만 함께 섭취 시 보완 가능

  – 또한 두부에 함유된 철분은 생선의 비타민 D와 결합하여 체내 흡수율을 높임

○ 무는 고등어와 잘 어울리는 식품으로 무에 풍부한 비타민 C와 소화효소가 생선에 부족한 영양소를 보충하고 향미를 증진시킨다.

■ 올리브유와 기존 식용유의 차이점은?

- **올리브유가 기존 식용유보다 건강에 좋은 것으로 알려졌는데, 비싼 가격을 고려할 때 기존 식용유를 대체해야 할 정도로 좋은가요?**

우리가 섭취하는 지질엔 포화지방산, 단일불포화지방산, 다가불포화지방산이 들어 있는데 단일불포화지방산이 우리 몸의 혈중 콜레스테롤 수치를 낮추는 역할을 한다는 연구결과가 있습니다. 올리브유에는 식용유보다 단일불포화지방산이 3배 정도 많습니다. 특히 올리브유는 식물성 기름 중에서 단일불포화지방산을 가장 많이 함유하고 있어서 먹는 기름 중에선 건강에 가장 좋다고 알려져 있습니다.

일반 식용유는 포화지방산과 복합불포화지방산을 많이 함유하고 있는 반면, 올리브유는 약 77%의 단순불포화지방(monounsaturated fats)을 포함하고 있어 혈중의 나쁜 콜레스테롤인 LDL을 낮추어줄 뿐 아니라 천연 산화방지 물질인 토코페롤, 스쿠알렌, 폴리페놀 등을 함유하고 있어 고혈압, 심장질환, 소화불량, 당뇨 등 성인병 예방과 다이어트, 피부미용에 좋은 물질을 다량 함유하고 있어서 일반 식용유와는 많은 차이가 있습니다.

올리브유는 우리 몸에 꼭 필요한 리놀레산(필수지방산의 일종이며, 오메가-3 지방산)을 적당량 포함하고 있고, 비타민 A, D, K와 특히 비타민 E를 많이 포함하고 있습니다.

버진 올리브유는 첨가물이나 방부제가 들어 있지 않은 순수한 과일 주스입니다. 지중해 연안국가 사람들은 지질 섭취가 비교적 높은데도 심장질환으로 인한 사망률이 낮은 것은 올리브유의 섭취가 많아서라고 합니다. 젊은 여성들은 다이어트식품으로 알고 올리브유를 애용하는 경우도 있지만, 일반 식용유에 비해 올리브유가 다이어트식품이라고 할 수는 없습니다.

올리브유가 다른 식용유와 차별되는 것은 지방산의 구성에 있습니다. 체내의 나쁜 콜레스테롤(LDL)의 수치는 낮춰주고, 좋은 콜레스테롤(HDL)의 수치는 높여주는 기능을 갖고 있는 불포화지방산인 올레인산을 77%나 함유하고 있기 때문에 동맥경화, 심장병 등 생활 습관병(성인병) 예방에 효과적으로 알려져 있습니다. 올레인산은 또 칼슘의 체내 흡수를 촉진하기 때문에 청소년 골격발육에도 도움이 된다고 합니다. 특히 올리브유의 지질성분은 모유성분과 같아 체내에 100% 흡수 · 분해되고, 이 밖에도 항산화작용이 뛰어난 비타민 E와 폴리페놀이 함유되어 있어 노화방지에도 도움이 된다고 합니다.

- **올리브유와 식용유의 차이점**

- 올리브유에는 콜레스테롤이 전혀 없습니다.
- 올리브유에는 단순불포화지방산과 항산화물질 등이 다량 함유되어 있어 성인병 예방에 효과가 있는 것으로 알려져 있습니다.
- 일반적으로 식물성 씨앗에서 채취된 식용유는 화학처리과정을 거쳐서 생산되나 좋은 품질의 올리브유는 물리적 압착방법에 의해 생산됩니다. (올리브유 중에서도 정제올리브유나 정제올리브유가 85~90% 혼합된 Pure Olive유의 경우는 화학처리과정을 거칠 수 있습니다.)
- 올리브유의 지질성분은 모유성분과 유사해서 인체에서 100% 흡수, 분해되므로 날것으로 먹을 수 있는데, 이 경우에는 고급 올리브유를 섭취하는 것이 좋습니다.

– 가열 시 산패 발생 온도가 식용유는 약 160~180℃이나, 올리브유는 약 220~230℃이므로 여러 번 사용할 수 있는 장점이 있습니다.

• 올리브유의 품질등급

올리브유는 품질등급과 산도가 확실한 선택기준이 됩니다. 품질등급은 보통 라벨의 가장 위에 표시되어 있습니다. 좋은 것부터 보면 '프리미엄 엑스트라 버진(premium extra virgin)–엑스트라 버진(extra virgin)–파인 버진(fine virgin)–버진(virgin)–오디너리 버진(ordinary virgin)–리파인드 버진(refind virgin)' 순입니다. 엑스트라 버진부터 버진까지 주로 판매되고 있으며, 퓨어 등급은 이 서열에 끼지 못하는 혼합 올리브유입니다. 버진 올리브유를 한번 짜고 나서 정제한 올리브유를 섞기 때문에 품질이 약간 떨어집니다.

품질등급은 몸에 좋지 않은 유리지방산이 몇 퍼센트 들어 있느냐에 따라 결정됩니다. 설명서에 쓰인 산도(acidity)가 그 함유율입니다. 엑스트라 버진부터 순서대로 0.2도~1도~0.5도~2도~3.3도~3.3도 이상입니다. 퓨어 올리브유도 대개 3도 이상입니다. 라벨 아래쪽에는 원산지와 유효기간이 적혀 있습니다. 생산 농가와 생산자 이름까지 적혀 있을 경우 믿을 만합니다.

올리브유를 처음 먹는 사람은 그 향과 맛에 거부감을 느낄 수 있습니다. 그럴 땐 저렴한 퓨어 올리브유를 선택하는 게 좋습니다. 퓨어는 향이 약하고 맛도 부드러우며 값도 저렴해 튀김 · 구이 등에 좋습니다. 샐러드 무침 등 날로 먹을 땐 고급을 먹는 게 좋습니다. 최대 올리브유 생산국은 스페인이지만 강한 향을 피하려면 이탈리아산을 택하는 게 좋습니다. 올리브유 색깔은 노란색부터 파란색을 띠는 것까지 다양합니다. 전문가들은 침전물이 있는 게 맛이 더 풍부하다고 합니다. 다만 빛에 노출되면 좋지 않기 때문에 선반 안쪽에 있는 것을 고르고 집에서도 그늘지고 서늘한 곳에 보관해야 합니다.

EPA

- EPA는 혈액 속의 혈소판 응집을 억제하여 혈전을 해소시켜 혈관을 확장하는 작용이 있기 때문에 혈압 강화에 도움을 준다.
- 혈중의 중성지방 농도가 높아지는 것을 억제하고 혈액이 부드럽게 흐르도록 하여 동맥경화 예방에 도움을 주고, 콜레스테롤의 저하에 도움을 준다.

DHA

- DHA를 섭취하면 콜레스테롤의 생성이 저하되어 간에서 혈장 속으로 분비되는 콜레스테롤이 줄어든다는 것이 증명되었다.
- 지방산 합성에 관여하는 효소의 활성을 저하시켜 혈장 속의 중성지방이 저하되어 뇌졸중, 심장질환, 고혈압, 동맥경화 예방과 개선에 도움을 준다.

(3) 인지질(Phospholipid)

인지질은 콜레스테롤과 함께 세포막과 신경조직의 주요 구성성분이 된다. 세포막은 인지질의 이중층으로 이루어지고 콜레스테롤은 인지질 이중층 사이의 중간중간에 존재하여 세포막의 유동성을 유지하는 데 기여한다.

(4) 콜레스테롤

① 세포막 구성성분

인지질과 함께 세포막의 성분이 된다. 특히 간, 신장, 뇌, 신경조직에는 콜레스테롤이 다량 함유되므로 유아, 소아에게 필수적이다.

② 담즙산 합성

지질의 소화와 흡수에 필요한 담즙산을 합성한다.

③ 스테로이드 호르몬 합성

여성 호르몬인 에스트로겐(estrogen), 남성호르몬인 테스토스테론(testosterone) 및 글루코코르티코이드(glucocorticoid)의 구성성분이다.

④ 비타민 D 전구체 합성

7-데히드로콜레스테롤(7-dehydrocholesterol)을 합성하여 칼슘의 흡수를 돕는다.

2. 지질 함유 식품의 조리

1) 지질식품의 조리 특성

(1) 향미 및 부드러운 맛의 첨가

식품의 조리 시 유지를 첨가하면 구수한 냄새와 맛을 주고 음식을 부드럽고 매끄럽게 해주어 맛을 돋워준다.

(2) 쇼트닝 작용

밀가루 반죽 내에서 유지는 지방층을 형성하여 글루텐이 형성되는 것을 방해한다.

유지의 쇼트닝 작용(shortening power)이란 유지가 글루텐의 형성을 방해하여 밀가루제품을 부드럽게 만드는 작용을 말한다.

① 쇼트닝 파워에 영향을 주는 인자

- 지방 자체의 성질 : 같은 탄소 수를 가진 지방산에 있어서 포화지방산보다는 불포화지방산이, 또한 불포화도가 높을수록 쇼트닝 파워는 커진다.
- 유지의 양 : 다른 여러 조건이 같다면, 기름의 양이 많을수록 쇼트닝 파워는 커진다.
- 유지의 온도 : 온도가 높아지면 밀가루 반죽 내에서 유지가 쉽게 퍼져 쇼트닝 파워가 커진다.
- 반죽의 정도 : 밀가루 반죽을 너무 오래 주무르면 글루텐이 많이 형성되어 쇼트닝 파워는 작아진다.

- 밀가루 반죽에 넣는 다른 물질의 영향 : 밀가루 반죽이 묽을 경우, 난황이 유화제로 작용하여 지방을 유화시키므로 지방의 쇼트닝 파워를 감소시킨다.

(3) 유화성

① 유화액과 유화제

- 유화액 : 한 액체가 그것과 혼합될 수 없는 다른 액체 중에 작은 방울로 흩어져 있는 물질
- 유화제 : 기름 입자의 표면을 싸서 작은 입자끼리의 결합을 방지하고 기름 입자와도 결합하고 물과도 결합하여 기름 입자가 존재하는 장소에 고정되어 있을 수 있도록 하는 물질. 즉 친수성기와 친유성기를 분자 내에 함께 가지고 있는 물질

② 유화액의 종류

- 수중유적형(Oil in Water, O/W) 유화액 : 물에 기름이 방울로 흩어져 있는 유화액
- 유중수적형(Water in Oil, W/O) 유화액 : 기름에 물방울이 흩어져 있는 유화액

③ 유화액의 안정성

유화액은 안정성에 따라 3가지로 분류된다.

- 일시적 유화액 : 프렌치 드레싱과 같이 기름과 수분뿐이고 이것들을 연결시키는 유화제가 없어서 흔들어주거나 저어주는 순간에만 유화상태를 이루었다가 흔들거나 젓기를 중단하면 분리되는 유화액으로 일반적으로 점도가 낮다.
- 반영구적 유화액 : 된 크림 정도의 점도를 가진다.
  예) 상업적 유화제를 사용한 샐러드 드레싱
- 영구적 유화액 : 마요네즈와 같이 유화제를 넣고 유화시킨 점성이 높은, 안정성 있는 유화액

05 비타민 · 무기질의 조리와 영양

1. 비타민의 영양

1) 비타민의 발견

비타민이 발견되기 이전부터 고대 중국, 그리스, 로마, 이집트에서는 어떤 물질의 중요성이 인정되어 왔다. 당시의 의사나 치료사들은 야맹증, 괴혈병, 구루병, 펠라그라, 신경 이상 등의 증세에 대해 기록하였으며, 그들의 치료 중 어떤 처방은 성공하기도 하였다. 예를 들면 고대 그리스에서는 야맹증 환자에게 간을 익혀 짠 즙을 눈에 넣어줌으로써 그 병을 치료하기도 하였다. 당시 그리스 사람들은 그 성공의 이유를 몰랐지만 우리는 지금 간에 함유된 비타민 A가 야맹증을 치료하는 기능을 가졌다는 것을 알고 있다. 다른 예로써 괴혈병의 치료를 들 수 있는데, 괴혈병은 군인들이 장기훈련이나 항해도중에 싱싱한 과일을 섭취하지 못하고 비타민 C가 결핍된 식사를 하면 나타나는 증세이다. 유명한 해양탐험가인 바스코 다 가마(Vasco da Gama)는 아프리카 남단을 돌아 India로 가는 2년간의 긴 항해기간 동안 그의 선원 가운데 반을 괴혈병으로 잃었다. 그 후 다른 항해사인 자크 카르티에(Jacques Cartier)는 다행스럽게도 그의 선원들이 소나무 잎 삶은 물을 마심으로써 회복되는 것을 경험하였다. 몇 세기 후인 1742년, 영국 의사인 제임스 린드(James Lind)는 괴혈병 치료를 규명하기 위한 실험에서 괴혈병에 걸린 선원에게 과일과 레몬주스를 보충하였는데, 이를 먹지 못한 선원들은 괴혈병을 앓다가 사망하였다. 린드가 이러한 실험을 통해, 괴혈병이 감귤류로 치료된다고 밝히자 몇 년 후 영국 해군에서는 배에 충분한 감귤류(lime)와 주스를 싣도록 요구하였다. 이러한 이유로 영국 해군을 'Limey'로 불렀고 오늘까지도 그 이름을 사용하고 있다. 그러나 비타민 C를 화학적으로 규명하고 오렌지와 양배추, 주스로부터 추출한 것은 한참 뒤인 1928년의 일이다. 그러나 과학적으로 비타민의 존재를 규명한 것은 20세기 초반으로, 영국의 생화학자인 홉킨스(Frederick Hopkins) 경이 식품에는 당질, 지질, 단백질 이외에 어떤 다른 요소가 있음을 밝혔다. 1911년 폴란드 생화학자인 풍크(Casimir Funk)는 처음으로 쌀겨에서 추출한 amine성분(질소를 포함하는 유기물질)이 퇴행성 신경질환인 각기병을 치료한다는 것을 알아냈다. 이 수용성 물질이 생명에 필수라는 것을 알았기 때문에 풍크는 이 amine물질을 'vitamine(vita는 생명력이라는 뜻)'이라 명명하였다. 그 후 모든 비타민이 amine이 아닌 것이 밝혀져 vitamine에서 마지막 e를 제거하여 vitamin으로 쓰게 되었다. 항각기 물질(지금은 티아민이라 함)이 발견된 지 10년 후 4개의 비타민이 추가로 발견되었으며 마지막으로 1941년에 엽산(folic acid)이 발견되었다.

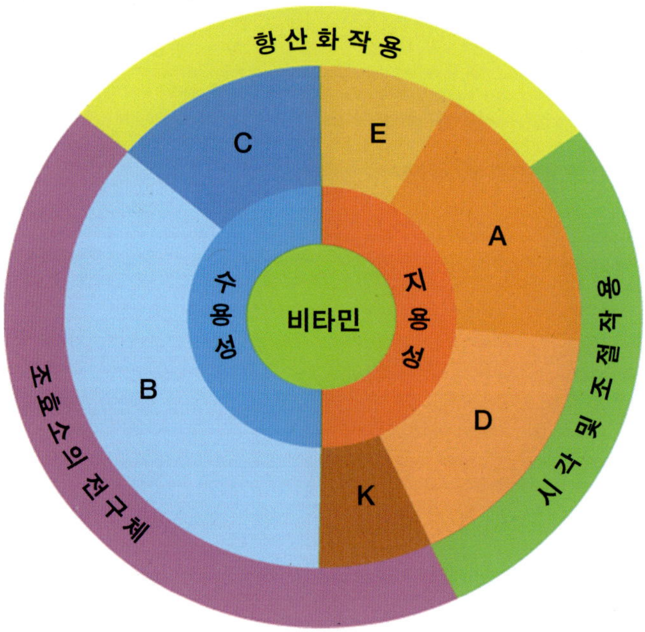

그림 1-5 비타민의 주요 기능

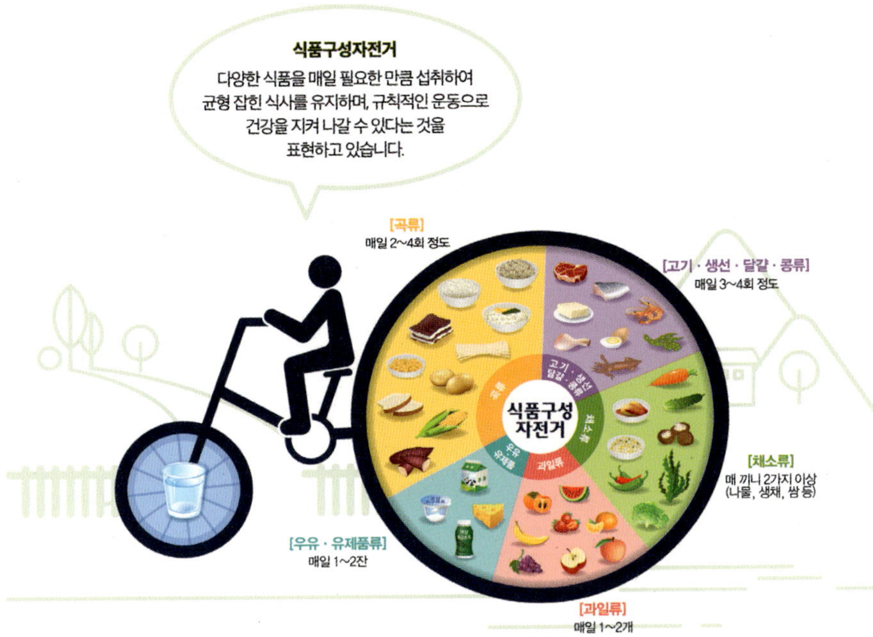

출처 : 보건복지부, 한국인 영양소 섭취기준

그림 1-6 식품구성자전거

2) 비타민의 종류와 기능

13종의 비타민이 추출 · 분석되고 합성되었으며 대부분 권장량이 설정되어 있다. 이 비타민들은 화학적 성질에 따라 지용성과 수용성 비타민으로 분류될 수 있다.

(1) 지용성 비타민

지용성 비타민은 비타민 A, D, E, K로 유기용매에 녹으며 간이나 지방조직 세포, 주로 피하지방조직에 저장되고 대체로 조직에 오랫동안 보유된다. 그러므로 지용성 비타민 결핍증 증상이 나타나기까지는 수 년이 걸린다. 그러나 지용성 비타민은 주로 식품 중의 지질과 같이 섭취되어 소화되기 때문에 지질이 없는 식사를 하거나 지질 소화에 문제가 생기면 이들 비타민의 결핍증상이 나타날 수 있다. 반면 과잉섭취는 체내에서 축적성 지질

화학물질로 작용하게 되므로 독성을 유발할 가능성이 있다. 탄소, 수소, 그리고 산소로만 구성되어 있는 4개의 지용성 비타민은 서로 다른 화학적 구조와 특별한 기능을 가지고 있다. 〈표 1-7〉에 지용성 비타민의 체내 주요 기능 및 결핍증과 과잉증을 요약하였다.

표 1-7 지용성 비타민의 체내 주요 기능 및 결핍증과 과잉증

Vitamin	체내 주요 기능	결핍증	과잉증
Vitamin A (retinol)	시홍의 구성체, 상피세포 보호, 뼈의 건강, 항암작용, 생식 기능	야맹증, 시력 상실, 안구건조증, 식욕 감퇴, 성장 정지	두통, 구토, 식욕 감퇴, 근육과 뼈의 통증
Vitamin D (calciferol)	뼈의 성장과 석회화 촉진, 칼슘의 흡수를 증진	구루병(어린이), 골다공증(성인)	구토, 설사, 체중 감소, 신장 손상
Vitamin E (tocopherol)	세포손상을 막는 항산화제	적혈구 용혈 빈혈	거의 무독성
Vitamin K (phylloquinone)	혈액응고	출혈(내출혈)	거의 무독성

(2) 수용성 비타민

체내의 수용성 매개체를 통해 운반되는 비타민은 수용성으로 분류되며, 이 수용성 비타민은 체내조직에 저장되지 않는다. 식사를 통해 섭취된 과량의 수용성 비타민은 신장을 통해 소변으로 방출되므로 이 비타민들은 정규적으로 매일 혹은 수 일 이내에 섭취되어야 한다. 9개의 수용성 비타민은 비타민 C(ascorbic acid)와 티아민(비타민 B_1), 리보플라빈(비타민 B_2), 나이아신, 피리독신(비타민 B_6), 코발아민(비타민 B_{12}), 판토텐산, 엽산, 그리고 비오틴 등 비타민 B 복합체들이다. 이 수용성 비타민들은 지용성 비타민들과 구조가 다르며 탄소, 수소 이외에 질소(티아민, 리보플라빈, 비타민 B_6, 비타민 B_{12}, 엽산), 유황(티아민과 비오틴), 그리고 코발트(비타민 B_{12})를 함유하고 있다. 다음 표에 수용성 비타민의 체내 주요 기능, 그리고 결핍증을 요약하였다.

표 1-8 수용성 비타민의 체내 주요 기능 및 결핍증

Vitamin	체내 주요 기능	결핍증
Vitamin B_1 (thiamin)	에너지 대사에 관여, 이산화탄소 제거 반응의 조효소(TPP)	각기병, 말초신경염, 부종식욕부진, 허약, 심장비대
Vitamin B_2 (riboflavin)	조효소의 구성물질	구순구각염, 눈병
Niacin	에너지 대사에 관여, 산화환원작용에 관여	펠라그라(pellagra)
Vitamin B_6	단백질 대사에 관여, 적혈구 형성에 관여	피로, 우울증, 불면증, 피부질환, 면역능저하, 설염
Vitamin B_{12} (cobalamin)	DNA 합성에 관여	악성빈혈, 신경장애, 부정맥
Folacin(엽산)	핵산대사에 관여	거대 적혈구성 빈혈, 위장장애, 설사
Pantothenic acid	조효소 A의 구성물질	피로, 복부경련, 구토, 손과 발의 감각이상
Biotin	지질, 단백질, 글리코겐 합성에 관여	피부염, 피로, 탈모
Vitamin C(ascorbic acid)	콜라겐 합성에 관여	괴혈병, 근육쇠약

표 1-9 지용성 비타민과 수용성 비타민의 비교

구분	지용성 비타민	수용성 비타민
종류	비타민 A, D, E, K	비타민 B군, C
용해도	지질 및 유기용매에 녹음	물에 용해
전구체	예) 비타민 A : carotene류 비타민 D : 7-dehydrocholesterol	예) 트립토판 : 나이아신의 전구체
소화 · 흡수	지질과 함께 소화 · 흡수되어 이용됨	탄수화물, 아미노산과 함께 소화 · 흡수되어 이용됨
저장	간이나 지방조직에 저장됨	사용되고 남은 양은 체외로 배설되고 저장되지 않음
결핍증	단기간에 급속한 결핍증은 나타나지 않음	단기간에 중증의 결핍증이 급속히 나타남
과잉증	장기간 다량 섭취 시 중증의 과잉증이 나타날 수 있음	과잉증이 나타나는 경우는 드묾
손실	산화 등을 통해 손실이 나타날 수 있음	조리 시 물, 열, 광선 등에 의해 쉽게 파괴될 수 있음

2. 무기질의 영양

1) 무기질이란

우리 신체는 적어도 31가지의 화학원소로 구성되어 있으며 그중 24가지가 생명유지를 위한 필수성분이다. 이 필수원소들은 다양한 방법으로 결합되어 신체의 여러 조직을 구성하고 있다. 이들 중 가장 많은 양의 비금속 원소는 산소로써 체중의 65%를 차지하고 있고, 탄소(10%), 수소(10%), 질소(3%) 등이 체중의 1%를 차지하고 있다. 신체의 나머지 부분은 '무기질'이라 불리는 원소들로 구성되어 있으며 체내의 무기질은 비록 소량이지만 세포가 적절한 기능을 수행하는 데 필수적이다. 대부분의 무기질들은 세포 안에서 발견되며 효소나 호르몬, 비타민 등을 구성하고 있다. 또한 무기질들은 뼈에 있는 인산칼슘(calcium phosphate)처럼 어떤 특정한 물질과 결합하여 존재하거나, 세포 내액에 있는 칼슘이온(Ca^{++})과 나트륨이온(Na^{+})처럼 단독으로도 존재한다. 체내 무기질은 다량원소(하루 100mg 이상 필요한 무기질)와 미량원소(하루 필요량이 100mg 미만인 무기질)로 분류될 수 있으며 체내에 있는 미량원소의 총량은 15g이다.

2) 무기질의 종류와 기능

사람의 영양을 위해 필요한 무기질은 나트륨(Na), 칼륨(K), 염소(Cl), 칼슘(Ca), 마그네슘(Mg), 인(P), 황(S), 철(Fe), 아연(Zn), 동(Cu), 망간(Mn), 코발트(Co), 크롬(Cr), 요오드(I), 몰리브덴(Mo), 셀레늄(Se)의 16원소이다. 이 중 Na에서 P까지의 6원소는 주요 무기질이라 하여 1일에 100mg 이상을 식품으로부터 섭취하는 원소이다. 현재 한국 식품성분표에는 Na, K, Ca, P, Fe의 5개 성분이 기재되어 있고 식품 중 이들의 함량은 식품 종류에 따라 크게 다르다는 것을 알 수 있다. 미국이나 영국의 성분표에서는 이들 원소 이외에도 Cl, Se, I가 기재되어 있다. 영양 소요량이 정해져 있는 성분은 일본에서는 Ca, Fe 뿐이고 목표 섭취량이 정해져 있는 성분은 Mg, K, P이며 부록으로 Zn, Cu, I에 관한 참고치가 나타나 있다. 미국, 영국에서는 이 전부에 Se를 더한 소요량이 정해져 있다.

(1) 무기질의 종류

① 다량무기질 : 사람이 성장하는 데 있어 특히 많이 필요로 하는 무기질. 칼슘, 인, 나트륨, 칼륨, 염소, 마그네슘, 황이 있다.

② 미량무기질 : 아주 적은 양이기는 하나 생체에 꼭 필요한 무기질. 미량원소라고도 한다. 철분, 아연, 구리, 아이오딘, 플루오르, 셀레늄, 망가니즈, 크롬, 몰리브덴이 있다.

(2) 무기질의 기능

무기질은 체내에서 체내 여러 물질의 구성요소가 되며, 생리현상을 조절하기도 한다. 반면 비타민은 대사과정의 촉매로 생성물의 한 부분이 되지 않으면서 화학반응을 활성화시킨다. 무기질은 체내에서 크게 3가지 역할을 하고 있다. ① 무기질은 골격과 치아조직 등 체조직의 구조적 형성에 관여한다. ② 무기질은 정상적인 심장박동, 근육의 수축성 조절, 신경의 자극전달, 그리고 체액의 산–알칼리 평형에 관여한다. ③ 무기질은 대사작용을 조절하며, 세포활동에 관여하는 효소나 호르몬의 중요한 구성요소이다. 무기질은 당질, 지질, 단백질의 분해과정 중 에너지를 내는 반응을 활성화시키는 데 중요한 역할을 할 뿐만 아니라 포도당으로부터 글리코겐을, 지방산과 글리세롤로부터 지질을, 그리고 아미노산으로부터 단백질을 합성하는 데 있어서도 필수적인 역할을 한다. 또한 무기질은 호르몬의 중요한 구성요소이기도 하다. 식이 중 요오드의 결핍으로 생기는 티록신의 부족은 신체의 기초대사율(basic metabolism)을 저하시킨다. 세포 내에서 포도당을 이용할 수 있도록 도와주는 호르몬인 인슐린의 합성에는 아연(Zn)이 필요하고, 소화에 중요한 역할을 담당하는 위산은 염소(Cl)로부터 생성된다. 비타민과 마찬가지로 대부분의 무기질은 음식과 물로부터 쉽게 얻을 수 있기 때문에 일반적으로 무기질을 약제로 복용할 필요는 없다.

3. 비타민 · 무기질 함유식품의 조리

1) 채소류

채소류에는 수분이 많고, 열량원이 적으며, 비타민과 무기질이 풍부하게 들어 있고 섬유질이 많아 소화가 잘 되며 정장작용을 하며 단위 g당 함유열량이 낮아 체중감량을 목표로 하는 다이어트의 주재료로 활용되고 있다. 또한 채소류는 칼륨, 칼슘, 철 등을 공급해 주는 알칼리성 식품이며 색소, 향기성분, 유기산 등이 함유되어 있다.

(1) 채소의 종류

① 경·엽채류

수분은 많으나 당질과 열량이 낮고 무기질, 비타민이 풍부하다.

- 엽채류 : 배추, 양배추, 상추, 시금치, 양상추, 쑥갓, 미나리 등 잎을 주로 먹는 채소
- 경채류 : 아스라파거스, 죽순, 두릅 등 줄기를 주로 먹는 채소

② 근채류

근경, 괴경, 구경, 비늘줄기와 근을 모두 포함한다.

- 땅속뿌리나 줄기 등을 식용으로 하는 채소류를 일컫는다.
- 무, 당근은 뿌리를 먹는 근채류이고 감자, 돼지감자 등은 땅속줄기의 끝부분에 영양성분이 저장된 괴경이며 토란은 지하줄기가 비대해져서 공모양이 된 구경이다.
- 양파, 마늘 역시 땅속줄기의 일종인 근채류에 포함된다.

③ 과채류

가지, 호박, 토마토, 오이, 고추 등과 같은 과채류는 열매를 이용하는 것으로 수분함량이 높고 당질은 적다. 과일로 분류되는 열매에 비해 수분함량이 많고, 당질이 적은 편이다.

④ 화채류

브로콜리, 콜리플라워, 식용꽃 등의 꽃을 이용하는 채소로 채소 중에서 비타민 C가 가장 풍부하다.

(2) 가열조리에 의한 채소의 변화

① 질감의 변화	② 펙틴질의 변화	③ 수분의 변화
④ 영양소의 변화	⑤ 색의 변화	

① **수용성 물질 변화** : 채소의 성분 중 수용성 질소, 당, 수용성 비타민, 무기질, 기타 맛성분, 향기성분, 타닌 등이 물에 노출되면 용출되어 손실이 온다. 손실량은 단면의 크기와 물에 접촉하는 시간에 비례하므로 채소 조리 시 세척 후에 써는 것이 좋다. 성분의 손실 중에서 특히 고려해야 할 것은 비타민 C이다.

② **휘발성 물질의 변화** : 분자량이 적은 휘발성 유기산은 채소를 물에 넣

고 가열하면 휘발된다. 휘발성 향기성분이 가열에 의해 휘발되면 채소의 향기를 저하시킨다.

③ 조리방법에 따른 변화

삶기	• 채소를 물에 넣고 끓이는 방법으로 수용성 물질의 손실이 가장 큼 • 식품에 대한 열의 침투시간이 빠름 • 열이 100℃ 이상으로 올라가지 않으므로 열에 의한 영양소 파괴율은 낮음
찌기	• 열도 높지 않고 수용성 성분이 용출될 우려도 없으므로 영양성분의 손실이 적은 좋은 방법임
굽기	• 조리할 식품을 직접 불에 노출시켜서 가열하는 방법 • 단시간이지만 고열이 채소에 직접 접촉되므로 열에 의한 성분의 파괴가 큼 • 오븐에 굽기는 채소를 오븐 속의 건열에 장시간 노출시켜서 익히는 방법으로 표면에 가까운 성분은 열에 의한 파괴가 크게 일어남
볶기	• 냄비에 기름을 조금 두르거나 두르지 않고 채소를 익히는 방법 • 물을 사용하지 않으므로 수용성 물질이 용출될 우려는 없으나, 이 방법으로 조리할 때에는 잘게 썰어서 익히므로 단면이 많아 영양성분의 산화와 열에 의한 영양소의 파괴가 일어남
튀기기	• 냄비에 다량의 기름을 넣고 가열하여 일정한 온도에 달하면 식품을 넣어 익히는 방법 • 기름의 온도는 175~180℃ 정도로 높으므로 채소를 튀길 경우 단시간을 요함 • 영양성분이 물에 용출될 우려도 없고 식품이 장시간 고열에 노출될 우려도 없는 좋은 조리방법

④ 조리수의 양과 조리시간에 따른 변화

- 가열 시 채소를 구성하고 있는 세포막이 파괴되어 반투과성을 잃게 되고, 세포 내에 존재하던 여러 가지 성분들이 조리수로 용출된다. 그러므로 조리시간과 채소의 양이 같을 때 조리수의 양이 증가하면 증가할수록 채소 내에 남아 있는 비타민 C의 보유율이 감소한다.
- 파괴된 세포막을 통하여 세포 내에 있던 수분과 세포 외에 있던 조리수가 채소 내로 들어오고 나가고 하는 동안에 수용성인 비타민 C와 함께 세포 내에서 세포 외로, 그리고 완전히 채소 밖으로 빠져나가게 된다. 그러므로 채소의 양과 조리수의 양이 같을 때 가열시간을 달리해도 비타민 C의 손실은 달라진다.
- 데치기와 같이 채소를 끓인 물을 이용하지 않을 때에는 조리수의 양도 되도록 적게, 가열시간은 되도록 짧게 하는 것이 바람직하다.

⑤ 조리수의 pH에 따른 변화

- 조리수에 식소다 같은 알칼리성 물질을 넣고 조리하면 푸른 채소일 경우 색은 선명한 푸른색으로 변하나, 채소에 있는 헤미셀룰로오스가 분해되어 뭉크러지는 현상이 일어난다.

- 수돗물의 pH는 중성인 7에 가까우나 푸른 채소를 데쳐서 세포 내의 유기산이 조리수로 용출되어 나오면 조리수의 pH는 산성으로 기울어진다.

2) 해조류

(1) 해조류의 분류

① **녹조류** : 클로로필, 잔토필과 카로틴계 색소들이 함유되어 있으며 따뜻한 물에서 잘 자람. 파래, 청각, 모자반, 매생이 등이 있다.

② **갈조류** : 칼로로필, β-카로틴, 푸코잔틴 등에 함유, 찬물에서 잘 자라기 때문에 우리나라 동해안에서 많이 생산. 미역, 다시마, 톳 등이 있다.

③ **홍조류** : 홍색의 파이코에리트린이 주가 되나, 그 외에 클로로필과 카로티노이드 색소인 잔토필과 청색의 파이코시안 등도 함유되어 있다.

- 클로로필, β-카로틴, 루테인, 파이코에리트린, 파이코사이아닌 등의 색소를 가지고 있다.
- 따뜻한 물에서 잘 자라므로 남해안에서 많이 생산. 김, 우뭇가사리 등이 있다.

(2) 해조류의 성분

① 다당류

② 수분

③ 단백질과 지질

④ 비타민과 무기질

(3) 대표적인 해조류

① **미역·다시마**

- 미역 · 다시마에는 무기질이 다량 함유되어 있다.
- 미역은 칼슘 함량이 바닷물의 4,000배로서 말린 미역에 870mg% 정도 함유되어 있다.
- 미역 · 다시마에는 요오드, 칼륨 등이 다량 함유되어 있으며 철의 함량도 비교적 높다.

② 김

- 김에는 Na, K, Ca, P, Fe, I, Br 등의 무기질이 함유되어 있다.
- 비타민 A의 좋은 공급원이 되며 라이보플라빈, 나이아신, 비타민 C 등도 많이 함유되어 있다.

톳, 모자반의 올바른 조리방법

- **톳과 모자반은 어떤 해조류인가요?**

① 톳과 모자반은 갈조류의 일종으로, 주로 완도, 제주 지역에서 서식 또는 양식되고 있습니다.

② 칼슘, 철분, 단백질과 식이섬유가 풍부한 식품입니다.

표 1-10 국가표준식품성분표

가식부 100g/생물	톳	모자반	다시마	미역
칼슘(mg)	157	209	103	149
철(mg)	3.9	2.1	2.4	1.1
섬유소(g)	1.0	1.5	0.6	0.3
단백질(g)	1.9	1.8	1.1	3.0

출처: 농촌진흥청, 제8개정

- **비소란?**

① 비소는 물 · 공기 · 토양, 동 · 식물 등 자연계에 널리 분포하는 물질입니다.

② 유기비소와 무기비소로 나뉘며, 인체에 대한 위해성은 무기비소가 큽니다.

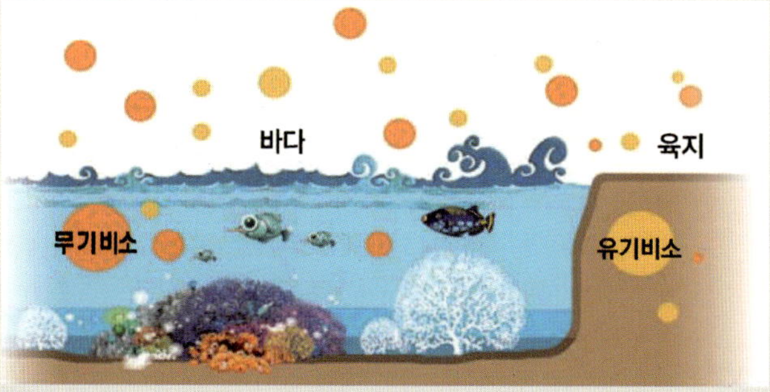

• 톳 · 모자반의 올바른 조리방법(MFDS)

① 생 톳 · 모자반은 끓는 물에 5분간 삶아서 사용하세요.

② 건조 톳 · 모자반은 30분간 불린 후 30분간 삶아서 사용하세요.

③ 톳 · 모자반을 불리거나 삶은 물은 조리에 재사용하지 마세요.

- **톳 · 모자반 섭취 시 왜 주의해야 하나요?**

① 톳과 모자반은 무기비소를 함유하고 있기 때문입니다.

② 톳과 모자반의 무기비소를 제거하기 위해서는, 물에 불리고 끓는 물에 삶아 섭취해야 합니다.

- **톳 · 모자반 이외의 해조류도 주의해야 하나요?**

① 우리나라 국민이 가장 즐겨 먹는 김, 미역, 다시마 등의 해조류에서는 무기비소가 검출되지 않았습니다.

출처 : 식품의약품안전처(2018), 톳 · 모자반의 올바른 조리방법

06 물의 영양과 조리 특성

1. 물의 영양

1) 물의 중요성

물은 영양소의 하나로 체중의 55~60%를 차지하며 인체에 있어 가장 중요한 물질이다. 사람은 체내의 지질과 단백질의 절반을 잃고도 생명을 유지할 수 있지만 체내 수분의 10%만 잃어도 생명을 유지할 수 없다. 즉 성인의 체중을 60kg으로 볼 때 약 36리터(60%)의 물이 우리 몸 안에 들어 있는 셈이다. 이 중에서 0.6리터만 없어져도 인간은 갈증을 느끼게 되고, 3.0리터가 없어지면 혼수상태에 이르며 6.0리터 정도를 잃으면 사망하게 된다. 따라서 우리 몸은 수분 배설량과 섭취량의 균형을 이루어 체내에 항상 일정량의 수분을 보유해야 한다. 성인은 하루에 호흡, 땀, 오줌 및 변을 통해서 약 2,500cc의 물을 배출하므로 우리는 식생활을 통해서 이만큼의 수분을 매일 섭취해야 한다. 대사수(metabolic water)는 우리 몸 안에서 유기 영양소의 산화에 의해 생성되는 물이다. 예로써 포도당(glucose)이 체내에서 산화되어 에너지를 생산할 경우 다음과 같이 이산화탄소(CO_2)와 물이 생성된다.

$$C_4H_{12}O_6 + 6O_2 \text{ ------------------ } 6CO_2 + 6H_2O + \text{에너지}$$

포도당　산소　　　　　　　　탄산가스　물

2) 물의 체내기능

(1) 체내 영양소의 공급과 노폐물 제거에 관여

수분은 여러 가지 생리기능을 담당하는 용매로서 여러 영양소를 체내에서 운반하고 조직으로부터 노폐물을 제거하기도 한다. 소화기관 내의 물은 소화물질의 매개체로서 대사 폐기물을 배출하고, 수분은 피부와 호흡기로부터 증발되므로 체온조절에 중요한 몫을 담당하기도 한다. 사람의 신장은 수분조절 기능을 지니고 있어서 물의 섭취량이 부족하면 오줌으로 배설되는 양이 크게 줄고 반대로 물의 섭취량이 많으면 오줌 배설량이 크게 늘어남으로써 자체 조절이 이루어진다. 근래 우리나라에서는 산업 폐기물과 공장 폐수에 의한 수질오염 때문에 깨끗한 물의 공급이 중요시되고 있다. 몸으로부터 약간의 수분이 손실되어도 사람은 심한 갈증을 느끼는데 이것은 체내의 신진대사 과정에서 생성되는 노폐물인 암모니아 농도가 높아지기 때문이다. 특히 암모니아는 독성이 강하기 때문에 이를 간에서 독성이 약한 요소(urea)로 전환시켜 소변으로 배설시킨다.

(2) 체온 조절

당질, 지질, 단백질의 대사과정에서 과량으로 생성되는 열은 체표면의 수분이 발산될 때 소모되는 기화열로 사용되고 체온조절이 이루어진다. 물은 체내 화학반응에 관여하는 효소작용의 최적온도인 36.5℃를 유지하기 위하여 하루에 1㎏의 수분으로 증발된다.

(3) 체조직의 구성성분

각 세포와 조직에서의 수분함량에는 차이가 있지만 지질에는 20~25%, 골격에는 10~25%, 근육에는 75%로 가장 많으며 glycogen이 저장될 때 반드시 수분이 함유된다.

(4) 식품 섭취량에 영향을 줌

신체 내의 수분은 독성물질을 계속 배출시켜 주는 희석제 역할을 하며 수분이 약간만 부족해도 혈중 독성 농도가 높아져 갈증을 느끼게 한다. 혈장 수분이 10% 감소하면(짠 음식 섭취 시) 갈증을 느끼면서 입이 마르고 시상하부의 갈증센터(hypothalamic thirst center)를 자극하게 된다. 입이 마르는 것은 혈장의 삼투압이 증가되어 혈장 내의 수분이 이동할 수 없게 되어 이로 인해 침의 생성량이 감소되기 때문이다. 이와 같이 심하게 갈증이 난 상태는 식품 섭취량이 감퇴되어 영양섭취에도 영향을 주게 된다.

(5) 그 외 기능

그 외에도 소화액은 소화효소의 작용을 돕고, 배설물의 유동을 원활하게 하여 변비 증세를 막으며, 관절 혈액과 양수는 외부 충격을 완화하는 역할을 한다.

물의 체내기능

- 신체조직 구성
- 화학반응에 참가
- 영양소 이동
- 노폐물 수송과 배송
- 장기보호
- 윤활유
- 산, 염기 평형 유지
- 체온유지

수분의 필요량을 증가시키는 요인

- 어린이 또는 노인(유아기 또는 노년기)
- 장기간의 구토, 설사, 발열
- 고온
- 알코올 또는 카페인 섭취
- 운동
- 당뇨병 등 수분 균형을 방해하는 질병
- 비행기 또는 밀폐된 공간 등의 대기 환경
- 질병(다뇨)
- 임신, 수유
- 수술, 출혈, 화상

3) 탈수현상

체내에 물이 부족한 경우를 탈수현상이라 하며 이러한 현상은 설사나 구토, 발한, 음식이 부족한 경우에 나타난다. 탈수상태가 되면 처음에는 수분의 양이 세포외액에서 감소하다가 점점 심해지면 세포외층의 삼투압이 높아져 세포내층의 물이 세포외층으로 이동하여 체액이 2~5% 감소되었을 때 이를 뇌의 시상하부가 인지하여 탈수현상의 증세로써 먼저 갈증을 느끼고, 그 외에도 입술이 마르고 기운이 없고 맥박이 빨라지면서 체온이 상승한다. 이러한 증상은 수분이 보충되면 사라진다. 만약 수분감소와 더불어 전해질이 감소했다면 물과 동시에 전해질도 보충해야 한다. 갑작스런 체액의 손실은 세포외액의 나트륨 손실을 유도하여 세포외액과 내액 사이의 전해질 균형이 깨지므로 세포외액은 세포 내로 이동하게 되는데, 이때 혈액도 이동하므로 순환하는 혈액의 양이 감소되어 혈압 하강, 허약, 무감각, 근육의 경련, 근육부종이 일어나고 심한 경우 착란증세에서 혼수까지 일으킨다. 그러므로 무더운 여름에 심한 노동이나 운동으로 인한 갑작스런 땀의 증가에는 수분과 염분의 보충이 필요하다.

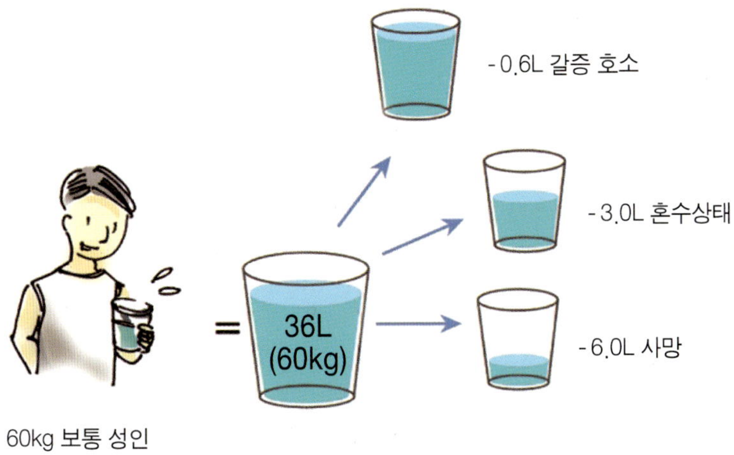

그림 1-7 수분균형

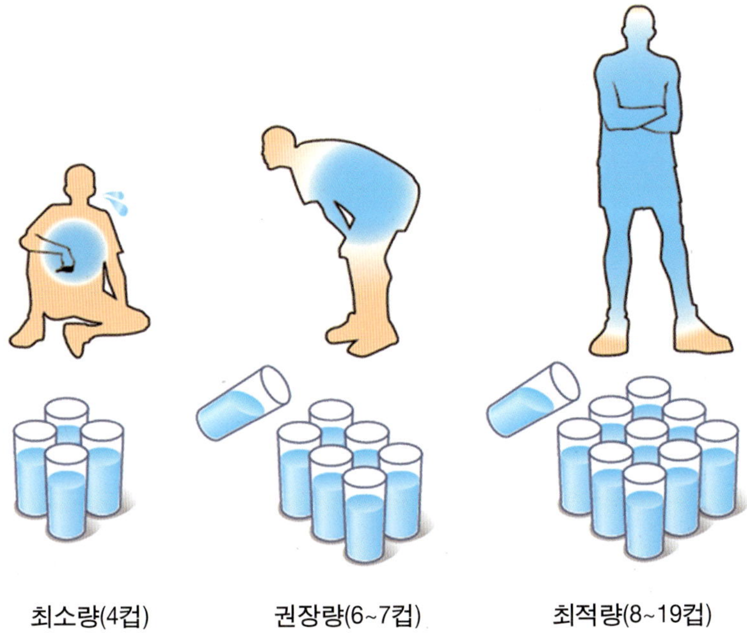

그림 1-8 수분 권장량

2. 조리 특성

1) 조리 시 물의 역할

① 물은 조리기구와 식품 표면의 더러움과 미생물을 제거한다.

② 물은 건조한 식품을 수화시키고 호화를 돕는다.

③ 물은 식품에 들어 있는 수용성 성분과 색소를 용해시킨다.

④ 물은 식품에 열을 전달한다.

⑤ 물은 글루텐의 형성을 돕는다.

⑥ 물은 식품의 성질, 모양, 맛 등에 영향을 미친다.

2) 조리 특성

(1) 확산

① 어떤 물질이 다른 물질 속에 섞여 들어가는 것

② 농도 차가 나는 같은 종류의 액체나 기체에서 또는 기체와 기체, 기체와 고체, 액체와 고체 사이에서 일어남

- 확산현상
  - 김치를 담그기 위해 배추를 소금으로 절일 때 처음 단계에서 일어남
  - 배추 조직의 세포벽은 주성분이 섬유소이므로 그 조직이 성기어 배추에 소금을 뿌리면 소금이 세포벽을 뚫고 세포간질과 세포의 원형질막 사이까지 침투해 들어가서 배추는 짜지고, 외부의 소금 농도를 희석시키기 위하여 세포에서 물이 빠져나가면서 배추가 절여짐
- 용출현상
  - 채소나 과실을 물에 넣고 가열
  - 채소나 과실의 세포간질과 세포벽, 원형질막 사이에서 진용액을 형성하고 있는 물질들(무기질, 당, 수용성 비타민 등)이 세포벽을 통과하여 조리수로 용출됨
  - 식물조직 내의 농도와 조리수의 농도가 같아질 때까지 계속됨
  - 조리수의 양이 많을수록, 가열시간이 길수록 식물조직에서 용질의 손실량은 많아짐

(2) 삼투압

물이 막을 통과하여 막 양측의 액체의 농도를 같게 함

- 세포의 원형질막을 중심으로 하여 그 내부는 소금 농도가 낮고 외부는 높으므로 내부와 외부의 소금 농도를 같게 하기 위하여 내부의 물이 원형질막을 통과하여 외부로 나오는 현상
- 계속 물이 빠져나오면 결국 원형질 분리가 일어난다.

(3) 용해도

용액에 녹을 수 있는 용질의 농도를 말하는 것으로 용액 100g 중에 녹을 수 있는 용질의 양으로 표시한다.

- 설탕은 과당보다는 용해도가 낮으나 온도가 올라가면 더 녹는다.
- 소금은 온도가 올라가도 용해도가 높아지지 않는다.

(4) 점성

점성이란 유체의 흐름에 대한 저항을 말하며 운동하는 액체나 기체 내부에 나타나는 마찰력이므로 내부마찰이라고도 한다. 즉 액체의 끈끈한 성질이다.

- 물은 점성이 낮고, 꿀, 물엿은 점성이 높음
- 점성은 분산상의 농도에 따라 달라지는데, 농도가 높을수록 점성은 증가한다.

- 온도가 낮아지면 점성은 높아진다.
  - 화이트소스나 젤라틴, 한천 같은 젤은 높은 온도에서는 점성이 낮으나 식히면 높아지므로 조리 시 각 재료의 사용량에 주의해야 한다.
  - 죽, 수프와 같은 점성이 높은 음식을 가열할 때는 잘 저어서 열의 이동이 잘 될 수 있도록 해줘야 한다.

(5) 표면장력

액체는 표면을 가능한 한 작게 하려는 경향이 있으며, 외부의 작용이 무시될 수 있을 때는 거의 구형을 이루는데, 이러한 현상은 액체분자 간의 인

력에 기인되는 것으로 자유표면에서 표면을 작게 하려고 작용하는 힘을 표면장력이라고 한다.

- 표면장력은 조리에서 이용하는 거품과 관계가 깊다.
- 설탕은 표면장력을 증가시키고 지방산, 지방, 알코올, 단백질 등은 감소시킨다.

(6) 거품

- 거품을 이용한 음식 : 맥주, 아이스크림, 머랭
- 거품은 기체가 얇은 액체의 막에 둘러싸여 있는 매우 불안정한 상태로서 음식의 조직감과 부피를 좋게 해주므로 먹을 때 입안에서 느껴지는 텍스처에 영향을 준다.
- 표면장력이 큰 액체는 거품이 생기기 어렵지만 일단 생기면 잘 없어지지 않고, 표면장력이 작은 것은 거품이 생기기 쉽고 또한 쉽게 없어진다.
- 액체의 표면장력은 온도가 올라갈수록 낮아지므로 거품이 오래 지속되지 않는다.

2장

조리와 식품안전

Chapter 02 조리와 식품안전

01 가열조리와 식품안전

1. 벤조피렌(Benzopyrene)

벤조피렌(Benzo[a]pyrene)은 다환방향족탄화수소(PAHs)의 일종으로 유기물질이 불완전 연소될 때 생성되는 물질이다. 주요 배출원은 화석연료의 연소, 자동차 배기가스, 담배연기 등이며, 대기로 배출된 벤조피렌은 토양이나 먼지 등에 흡착되어 환경에 오랫동안 잔류하면서 환경호르몬(내분비계장애추정물질)으로 작용한다. 벤조피렌에 관심을 가져야 하는 이유는 우리의 식생활과 밀접한 관련이 있기 때문이다. 육류 등을 고온에서 가열하면 벤조피렌이 자연적으로 생성된다. 특히 불과 직접 접촉하여 검게 탄 부위에 벤조피렌이 가장 많이 들어 있고, 육류의 지방이 고기에 떨어져 생긴 연기에도 다량 들어 있다. 국제암 연구기관(IARC : International Agency for Research on Canser)은 벤조피렌을 인체 발암물질로 규정했다.

■ 노출 및 섭취 경로

• 환경 중 호흡기 노출

실외에서는 공장 매연 · 폐기물 소각 · 자동차 배기가스 · 타이어 마모 등으로 공기 중에 배출된 벤조피렌이 호흡기로 노출되고, 실내에서는 담배연기 · 난방기구 등에서 배출된 벤조피렌에 노출된다.

- 흡연

벤조피렌은 담배연기 중에서 가장 먼저 밝혀진 발암물질이다. 담배연기에는 고농도의 벤조피렌이 함유되어 있어, 흡연 시 벤조피렌에 노출된다.

- 피부노출

벤조피렌에 피부가 노출되면 다양한 건강피해를 입을 수 있다.

- 식품 섭취

흡연을 하지 않거나 대기오염이 심하지 않은 지역에 사는 사람들은 식품으로 노출되는 경우가 가장 많다.

- 구이 식품 : 불에 구운 육류 및 어패류, 식육가공품(예: 소시지) 등에 벤조피렌이 들어 있다. 같은 육류라도 지방이 많을수록 벤조피렌이 많이 생성된다.
- 훈연 식품 : 식품 조리 중에 생긴 연기에 식품이 닿으면 식품에 벤조피렌 양이 증가한다. 식품을 훈연시키면 식품 표면뿐만 아니라 저장 중에 식품 내부로 벤조피렌이 침투한다.
- 볶음 식품 : 커피 · 깨 · 땅콩 등을 고온에서 볶으면 단백질 · 지방 · 탄수화물 등이 분해되면서 벤조피렌이 생성된다. 참기름의 경우 건조 · 볶음 · 착유 등의 열처리과정에서 벤조피렌이 생성될 수 있다. 벤조피렌에 오염된 참깨를 사용하면 더욱 증가한다. 커피 원두를 고온에서 로스팅(볶기)할 경우에도 벤조피렌이 생성될 수 있다. 원재료를 볶는 온도가 높고 시간이 길수록 벤조피렌이 많이 생성된다.
- 한약재 : 한약재를 고온에서 건조시키면 벤조피렌이 생성될 수 있다. 건조온도가 높을수록 벤조피렌이 많이 생성된다.
- 가공하지 않은 원재료 : 대기 중으로 배출된 벤조피렌에 오염된 토양에서 재배하거나, 대기 중에 떠다니던 벤조피렌이 가라앉아 달라붙은 농산물 · 채소 · 과일 등을 섭취하면 노출될 수도 있다.

1) 벤조피렌과 건강

국제 암 연구기관(IARC)은 벤조피렌이 사람에게 암을 일으키는 증거가 충분하다고 인체 발암물질(그룹 1)로 규정했다. 훈제 육류 및 어류를 많이 섭취하면 위암 발생 위험이 높아지고, 불(특히 직화구이)에 고기를 구워 먹는 습관을 가진 사람들은 대장암 및 유방암 발생위험이 높아지는 것으로 알려졌다. 또한 벤조피렌은 환경호르몬으로서 내분비계 장애를 유발할 수 있다. 여성들의 자궁질환 · 생리통 · 성조숙증 등의 원인이 될 수 있다. 피부가 장기간 노출되면 홍반 · 색소화 · 사마귀 등이 나타날 수 있다.

2) 벤조피렌 검출 식품들

벤조피렌이 가장 자주 검출되는 식품은 식용유지(특히 참기름)이고, 한약재(감국 · 강황 등)에서도 종종 검출되고 있다. 2010년 중국산 녹차와 홍차에서 국내산 잎차와 뿌리차보다 각각 29배, 6배 많은 벤조피렌이 검출되었다.

2012년 가다랑어포(일명 '가쓰오부시')가 들어간 라면스프에서 벤조피렌이 기준을 초과하여 검출되어, 이 스프가 들어간 라면이 판매 금지 · 회수되었다.

2013년 이후 국내에서 유통되는 식품 중 기준을 초과하여 검출되는 것은 주로 중소기업에서 만든 참기름으로 알려졌으며, 2017년 즉석 조리 · 섭취식품(도시락 · 돈가스 · 탕수육 · 햄버거 등)과 패스트푸드 200건을 분석한 결과, 모두 인체 안전기준에 적합한 것으로 나타났다(매우 적은 양이 검출되었다).

그림 1-9 벤조피렌 검출 식품들

3) 벤조피렌 관리방법

(1) 전 세계에서 가장 엄격한 벤조피렌 기준 적용

우리나라는 수산물 · 식용유지 · 훈제육 · 분유 등에 유럽연합(EU)의 벤조피렌 기준을 적용하고 있고, 추가로 '훈제건조어육(예: 가쓰오부시 등)'과 일부 농산물에도 기준을 설정하여 세계에서 가장 엄격한 기준을 적용하고 있다.

(2) 국내 관리 현황

식품의약품안전처는 식품 생산과정에서 벤조피렌이 생성되지 않도록 식품생산업체와 지속적으로 소통하고 있으며, 식품을 건조할 때 화석연료를 사용하지 않도록 하고, 식품에 연기가 닿지 않도록 연기를 막는 보호판과 배연장치를 설치하도록 권고하고 있다.

■ 벤조피렌으로 인한 암 발생? 우리가 막아주마!

고기를 불에 구우면 다량의 벤조피렌이 생성되어 이를 자주 먹는 사람들은 암 발생 위험이 높아질 수 있다. 그런데 함께 먹으면 암 발생 위험을 줄여주는 식품 도우미들이 있다. 식품의약품안전처 조사에 따르면 셀러리 〉 미나리 〉 양파 〉 상추 순으로 암 발생 억제효과가 컸고, 후식으로는 계피 〉 홍차 〉 딸기 순으로 나타났다. 단일성분으로는 마늘에 있는 '미리세틴'의 억제효과가 압도적으로 높았다. 고기를 불에 구워먹는 식습관은 결코 바람직하지 않지만 불가피하다면 반드시 채소와 과일을 함께 먹는 게 좋다.

출처: 식약처 보도자료(2017)

■ **벤조피렌 배출의 도우미, 녹차!**

녹차가 몸속에 있는 벤조피렌을 밖으로 배출시키는 역할을 하는 것으로 알려졌다. 2012년 국내 연구진이 쥐에게 녹차 추출물(카테킨 및 카페인)을 투여한 결과 투여하지 않은 쥐보다 체내 벤조피렌 양이 약 53% 적은 것으로 나타났다. 실험에 사용한 녹차 추출물은 사람이 마시는 양으로 환산하면 두세 잔 정도이다. 일본에서도 녹차의 카테킨 성분이 돌연변이를 억제한다고 발표한 적이 있었다. 숯불구이로 고기 먹은 날에는 녹차를 한잔 마시는 게 좋을 것 같다.

출처: 한국식품양과학회지 (2011), 제40권

4) 벤조피렌과 조리

벤조피렌은 식품을 제조 · 가공 · 조리하는 과정에서 자연적으로 생성되는 부산물이므로, 식품의 생산자 · 관리자 · 소비자가 모두 함께 노력하면 벤조피렌 생성 및 노출을 줄일 수 있다.

(1) 식품 조리방법 개선

구이 · 튀김 · 볶기보다 찌기 · 삶기 등의 방식으로 조리하는 게 안전하다. 특히 육류 및 어류의 직화구이가 가장 위험하다. 숯불구이의 경우 불꽃이 직접 고기에 닿지 않도록 석쇠보다 불판을 사용하고, 검게 탄 부분은 제거하고 먹어야 한다.

구이 · 튀김 · 볶기 BAD / 찌기 · 삶기 GOOD

(2) 연기 접촉 억제

육류를 숯불에 구울 때 지방이나 육즙이 숯에 떨어지지 않도록 한다. 육류의 지방이 불꽃에 떨어지면 벤조피렌이 생성되고, 그 연기가 육류 표면에 묻어 벤조피렌 농도가 증가하기 때문이다.

(3) 조리시간은 짧게

고기를 불에 구울 때 굽는 시간이 짧을수록 벤조피렌이 적게 생성된다.

(4) 음식 조리 시 반드시 환기

실내에서 고기를 구우면 공기 중 벤조피렌 양이 급격히 증가한다. 음식을 조리할 때에는 반드시 환기장치를 가동하고, 창문을 열어두어야 한다.

(5) 깨끗한 원료 사용

참기름의 경우 참깨를 깨끗이 씻어 수분을 제거한 후 볶는 게 좋다. 볶는 온도와 시간은 가능한 짧게 하고, 볶으면서 발생하는 연기는 밖으로 배출시켜야 한다. 짜낸 기름은 체 · 망 · 여과지 등으로 찌꺼기를 제거해야 한다.

(6) 보관

참기름은 직사광선이 닿지 않는 실온에서 보관하고, 들기름은 냉장보관하는 게 좋다.

참기름 = 실온보관 / 들기름 = 냉장보관

2. 니트로사민

니트로사민(Nitrosamines)은 자연환경(공기 · 물 · 토양), 식품, 생활용품(고무제품 · 화장품), 담배연기 등에서 종종 검출되는 화학물질이다. 니트로사민에 관심을 가져야 하는 이유는 식생활과 밀접한 관련이 있기 때문이다. 일부 식품은 조리과정에서 자연적으로 생기거나 섭취 후 몸속에서 니트로사민으로 변할 수 있다. 식품에서 검출되는 니트로사민은 일부러 첨가한 게 아니라 자연적으로 생기는 것이므로, 무엇보다 발생을 막기 위한 노력이 중요하다. 국제암 연구기관은 300여 종의 니트로사민 중 일부를 인체 발암물질로 규정했다.

우리 국민이 섭취한 니트로사민 함유 적색육은 최근 10년 동안 지속적으로 증가하는 추세이나, 영양학적으로 중요한 식품인 만큼 일상생활에서 적절하고 균형 잡힌 식습관을 갖는 것이 중요하다.

그림 1-10 니트로사민 노출 요인

[통계]

'16년 국민건강영양조사 자료를 토대로 우리 국민이 섭취하는 적색육과 가공육 섭취실태를 조사한 결과, 적색육 · 가공육 섭취량은 하루 평균 79.8g으로 미국 · 프랑스 등 외국의 섭취 권장량에 비해 낮은 수준으로 나타났다(미국 · 프랑스 · 스웨덴 100g/일, 영국 98g/일, 캐나다 105g/일, 호주 91g/일).

또한 가공육 섭취량은 적색육 · 가공육 섭취량 중 10.3g으로 외국보다 현저히 낮은 수준으로 섭취하는 것으로 조사되었다(미국 28.5g/일, 영국 45.4g/일, 호주 22g/일).

개인이 음식을 통해 섭취하는 적색육과 가공육의 양은 식약처가 개발하여
보급 중인 스마트폰 애플리케이션(칼로리 코디)을 활용하여 확인할 수 있다.
* 'Play 스토어' 또는 '앱 스토어' → '칼로리 코디'(적색육·가공육 섭취량 산출)

IARC는 가공육을 매 50g 섭취 시 암 발생률이 18%씩 증가한다고 발표했다. 햄 · 소시지 등 가공육의 발색 · 보존에 사용되는 식품첨가물인 아질산나트륨을 우려하는 사람도 있다. 한국인의 하루 아질산나트륨 섭취량은 WHO가 설정한 아질산나트륨의 1일 섭취허용량(각자의 체중 kg당 0~0.06mg)의 11.5%에 불과한 상태다. IARC는 적색육을 매 100g 섭취 시 암 발생률이 17%씩 증가한다고 밝힌 것을 고려하면 적색육 섭취도 우려할 정도는 아니다. IARC는 전 세계 적색육 섭취 인구의 중간 섭취량을 1일 50~100g으로, 많이 섭취하는 경우를 하루 200g 이상으로 제시하고 있다. 국의 가공육과 적색육 하루 섭취 권장

량은 70g, 호주는 65~100g이다. 우리 국민의 1일 평균 가공육과 적색육 섭취량 67.5g은 외국에서 제시한 권장량과 비슷한 수준이다.

[IARC 보고서의 핵심 내용]

IARC 보고서는 핫도그 · 소시지 · 쇠고기 통조림 · 말린 고기 등 가공육의 섭취가 직장암(대장암의 일종)을 유발한다는 충분한 증거가 확보돼 가공육을 1군 발암물질로 분류했고, 매일 50g의 가공육을 먹을 때마다 직장암에 걸릴 위험이 18%씩 높아진다고 지적했다. 이 발표의 책임자인 IARC 쿠르트 스트라이프 박사는 "가공육을 적게 섭취할 경우 직장암 발생 위험이 통계적으로 그리 높지 않으나, 대다수의 사람이 가공육을 섭취하고 있어 공중보건 차원에서 발표한 것"이라고 강조했다.

(1) 생성 및 노출 과정

① 식품

일반인은 주로 식품을 섭취하면서 '니트로사민'에 노출된다. 단백질이 풍부한 식품에는 '아민'이 들어 있을 수 있는데, 추가로 보존제 및 발색제로 '아질산염'이 첨가되면 체내에서 아민과 아질산염이 반응하여 니트로사민이 생성될 수 있다. 예를 들어 어육가공품(햄 · 베이컨 · 소시지 · 맛살 · 어묵 · 어육소시지 등)에 아질산염이 첨가된 경우 조리과정 중에 식품에 들어 있는 아민과 반응하여 니트로사민이 생성될 수 있다.

– 식품을 저장 · 발효하는 과정에서 생긴 전구물질(예: 바이오제닉아민)을 섭취하면 위에서 니트로사민으로 변할 수 있다. 예를 들어 젓갈류에는 '바이오제닉아민'이 들어 있을 수 있는데, 젓갈류를 직접 섭취하거나 재료로 쓴 음식을 섭취하면 몸속에서 니트로사민이 생성될 수 있다.

※ 일련의 화학반응 중 A에서 B로, B에서 C로 변할 때, A와 B는 C의 전구물질이다.

그림 1-11 아질산염이 첨가되어 있을 가능성이 있는 식품

② 고무제품 · 유아용 젖꼭지를 만들면서 탄성과 강도를 높이기 위해 원료고무에 첨가제를 넣는데, 입안에서 첨가제가 분해되면서 '아민'성분이 용출(새어 나옴)될 수 있다. 예를 들어 유아가 고무젖꼭지를 빨면 고무 젖꼭지에서 나온 아민성분이 유아의 타액에 있는 아질산염과 반응하여 니트로사민이 생성될 수 있다.

③ 흡연

담배연기에는 니트로사민이 들어 있어, 흡연을 하면 고농도의 니트로사민에 노출된다.

(2) 건강에 미치는 영향은?

① 발암성(암이 발생할 가능성)

니트로사민이 동물실험에서 암을 유발한다는 연구결과는 충분하지만, 사람에 대한 발암성 증거는 제한적(불확실)이다. 이에 국제 암 연구기관은 두 종류의 니트로사민(니트로소메틸아민, 니트로소에틸아민)을 '인체발암 추정물질(그룹 2A)'로 규정했다.

표 1-11 국제 암 연구기관(IARC)에서 발표한 발암등급

등급	분류기준
그룹 1	인체 발암 확인물질(인체 발암성 자료 충분)
그룹 2A	인체 발암 추정물질(인체 발암성 자료 제한적, 동물 발암성 자료 충분)
그룹 2B	인체 발암 가능물질(인체 발암성 자료 제한적, 동물 발암성 자료 불충분)
그룹 3	인체 발암물질로 분류할 수 없는 물질(인체 발암성 자료 불충분, 동물 발암성 자료 불충분)

② 간독성

니트로사민은 입 · 피부 · 호흡기 등 어떤 경로로 몸속에 들어오더라도, 간이 피해를 받을 가능성이 가장 높은 것으로 알려졌다. 이 경우 간을 '표적장기'라고 한다. 고농도의 니트로사민에 노출되면 간괴사(세포가 죽음), 간경변(딱딱하게 굳음), 간비대(비정상적으로 커짐), 간염(염증이 생김) 등이 나타났다는 보고가 있다. 저농도의 니트로사민에 장기간 노출되면 구토 · 두통 · 출혈 등이 발생할 수 있다.

(3) 식품에서 검출되는 니트로사민의 양은?

① 어육가공품

식품의약품안전처(2016년)가 시중에서 파는 어육가공품에 함유된 니트로사민의 양을 조사한 결과 매우 적은 것으로 나타났다.

표 1-12 식품 중 니트로사민의 평균 농도

(단위 : ppb)

식품	베이컨	소시지	햄	맛살	어묵	어육소시지
농도	0.72	1.0	0.2	1.54	0.71	0.64
식품	명란젓	어류젓	어패류알젓	어패류액젓	패류젓	
농도	불검출	0.61	0.30	불검출	0.31	

※ 1킬로그램(kg) = 1,000그램(g) = 1,000,000밀리그램(mg) = 1,000,000,000마이크로그램(㎍)
※ 피피비(ppb) = 1ppb는 농도단위의 하나로 '10억분의 1'이며, 식품 1킬로그램(kg)에 1마이크로그램(㎍)의 니트로사민이 들어 있다는 의미

• 안전성 평가

식품의약품안전처가 어육가공품에서 검출된 니트로사민의 양과 어육가공품 섭취량을 근거로 우리나라 국민들이 하루에 노출(섭취)되는 니트로사민의 양을 추정하여 영국 식품기준청 노출안전역 기준(Moe, Margin of exposure)으로 평가한 결과, 소시지 · 햄 · 베이컨 · 젓갈류 · 맛살 등을 섭취하여 입게 될 건강피해는 '전혀 없음', 어묵은 '거의 없음' 기준에 포함되었다. 우리나라 국민들이 어육가공품 섭취로 건강피해를 입을 가능성은 매우 낮다고('걱정할 필요가 거의 없다') 할 수 있다.

② 농·축·수산물

식품의약품안전처가 농 · 축 · 수산물 1,226건(2014~2016년)을 대상으로 니트로사민의 양을 분석한 결과, 우리나라 국민들의 식품 섭취로 인한 니트로사민 노출량은 독일 국민보다 낮았다.

③ 고무젖꼭지

국내에서 유통 중인 젖꼭지 17개 제품을 수거하여 니트로사민의 양을 분석한 결과 우려와 달리 모든 제품에서 니트로사민이 검출되지 않았다(2010년). 한편 식품의약품안전처는 유아용 고무젖꼭지의 니트로사민 검출기준을 10ppb 이하로 정했다.

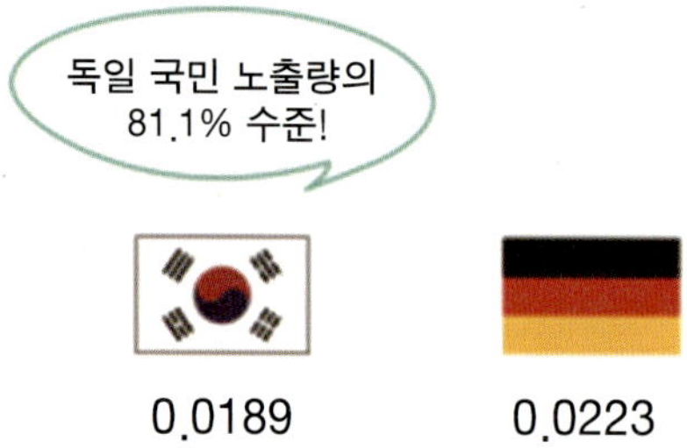

[단위 : ug/kg b.w./day]
체중 1kg당 하루에 섭취하는 양

(4) 니트로사민 노출을 줄이는 방법

① 음식을 조리할 때 굽기보다 찌거나 삶아 먹으면 니트로사민 생성을 줄일 수 있다.

② 음식을 데울 때 불과 직접 접촉하지 말고, 간접 열원(예: 전자레인지)을 이용하면 니트로사민 생성을 줄일 수 있다.

③ 비타민 C는 니트로사민의 전구물질(예: 바이오제닉 아민 등)을 섭취했을 때 위에서 니트로사민으로 변하는 것을 억제하는 역할을 한다. 젓갈류 등을 먹을 때는 과일 · 채소 등 비타민 C가 풍부한 식품을 함께 먹는 게 좋다. 같은 이유로 식품을 제조하거나 가공할 때 항산화제(예: 비타민 C, 마늘추출물 등)를 혼합하면 좋다.

④ 건조식품은 저온(동결) 건조하는 게 좋다. 니트로사민의 전구물질인 바이오제닉 아민의 경우 저온(혹은 동결)에서 건조한 후 진공포장을 하여 냉장(혹은 냉동)상태로 유통하면 생성량을 줄일 수 있다.

⑤ 고무류 및 플라스틱 제품은 빨거나 입에 넣지 않는 게 좋다.

⑥ 담배를 피울 때 노출되는 니트로사민의 양은 콘돔으로 노출되는 양보다 1,231,000~10,000배 많은 것으로 알려졌다.

니트로사민 함유 적색육 적정 섭취방법

ㅇ건강을 유지하는 데 도움이 되는 적색육 적정 섭취방법은 다음과 같다.

- 고온에서 오래 구워 먹기보다 삶거나 끓여 먹는 조리법을 사용하고, 가열하면서 탄 부분은 섭취를 피한다.
- 고기를 먹을 때에는 술 대신 물 등 음료수를 마시도록 한다.
- 고기를 먹을 때는 상추, 깻잎, 마늘 등의 채소와 함께 먹고 살코기 위주로 섭취한다.

ㅇ다만 국제 암 연구기관(IARC)에서 분류하고 있는 고섭취군(200g/일, 1,400g/주)에 해당할 경우 적색육 · 가공육을 매일 너무 많이 섭취하지 않도록 주의해야 한다.

* 우리나라 국민의 3.2%가 적색육·가공육 고섭취군(200g/일, 1,400g/주)

- 반면에 적색육과 가공육의 섭취량이 적은 노인층의 경우 육류, 생선, 콩 등 단백질 공급원을 충분히 섭취하는 것이 바람직하다.

가공육 · 적색육으로 인한 건강 손상 대처법

1. 가공육 · 적색육을 쌈채소 등과 함께 섭취
2. 가공육 · 적색육을 김치와 함께 섭취
3. 고기의 탄 부위는 반드시 제거한 뒤 섭취
4. 직화 대신 프라이팬을 이용해 고기 조리
5. 구이 대신 탕 · 수육 섭취
6. 클로로필(엽록소) · 폴리페놀 · 비타민 C · 비타민 E 등 항산화 성분 보충
7. 우유 등 충분한 칼슘 섭취

3. 아크릴아마이드(Acrylamide)

아크릴아마이드(Acrylamide)는 백색 · 무취의 화학물질로, 식수 및 폐수 처리 시 불순물 제거제, 이음매의 틈을 메우는 코킹제(caulking), 화장품의 피부 연화제, 종이 강화제, 윤활제, 식품 포장재, 접착제, 거품생성 보조제 등에 사용된다. 2002년 4월 스웨덴 '국립식품청'은 탄수화물이 많은 식품을 고온에서 조리할 때 아크릴아마이드가 자연적으로 생성된다는 사실을 보고하였고, 이후 인체위해성 우려가 제기되었다. 현재 세계 각국은 식품 내 아크릴아마이드 생성을 줄이기 위한 노력을 하고 있다.

1) 생성 및 노출 과정

아크릴아마이드는 식수 · 토양 · 공기 등으로 노출될 수 있으나 가장 중요한 경로는 식품 섭취이다. 아크릴아마이드는 탄수화물이 많이 들어 있는 식품을 120℃ 이상으로 장시간 가열할 때 생성된다. 아크릴아마이드 생성량은 식품의 종류 · 조리방법 · 가열시간 등에 따라 달라진다. 조리온도가 높을수록, 조리시간이 길수록, 식품을 삶거나 찌기보다 굽거나 튀기면 아크릴아마이드가 자연적으로 더 많이 생성된다(비의도적 생성). 특히 감자를 고온으로 굽거나 튀기면 아크릴아마이드가 많이 생성되는 것으로 알려졌다.

- 주의할 식품 : 국내외 모니터링 자료에 따르면 감자튀김(프렌치프라이)과 감자스낵(감자칩)에서 아크릴아마이드가 가장 많이 검출되고, 커피류(인스턴트 및 원두 커피) · 과자류 · 아침식사 대용 시리얼 등도 주요 노출가능 식품이다. 성인은 감자튀김과 커피, 어린이는 감자튀김 · 아침식사용 시리얼 · 비스킷 · 빵, 그리고 유아는 감자 및 곡류 가공식품이 주요 노출식품으로 알려졌다.

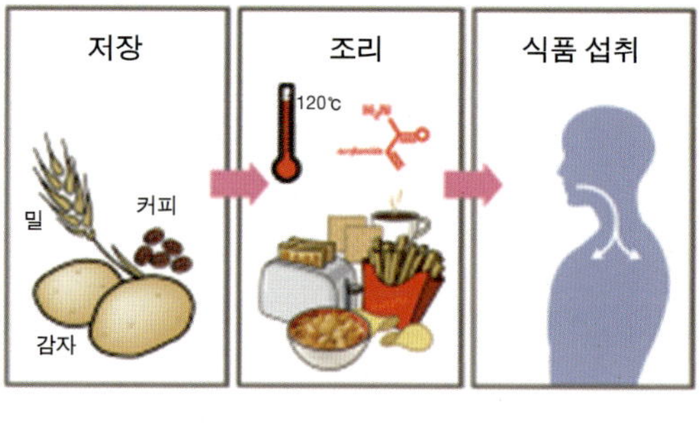

2) 아크릴아마이드와 건강

국제 암 연구기관은 아크릴아마이드가 동물에게 암을 유발한다는 증거는 충분하지만, 사람에게는 암을 유발할 가능성이 있는 '발암 추정물질'로 규정하였다. 지금까지의 연구결과를 종합하면 식품 섭취로 아크릴아마이드에 노출되었을 때 인간이 암에 걸릴 가능성은 매우 낮은 것으로 여겨진다. 하지만 식품 중 아크릴아마이드 섭취와 사람의 신장암 발생 사이에 연관성이 있다는 연구결과가 보고되었고, 과량 섭취 시 사람에게 신경독성이 나타났다는 연구도 있으므로 아크릴아마이드 노출(섭취)을 줄여야 한다.

3) 고위험군

남녀노소 누구나 아크릴아마이드에 노출될 수 있지만, kg당 체중으로 비교했을 때 어린이는 성인에 비해 식품을 통한 아크릴아마이드 섭취량이 2배 정도 많은 것으로 알려졌다. 이는 어린이들이 감자튀김이나 과자류를 많이 먹기 때문으로 추정된다. 아크릴아마이드는 태반을 통과하여 태아에게 전달될 수 있고, 산모의 모유에서 아크릴아마이드가 검출된 적도 있다. 따라서 임산부는 아크릴아마이드가 많이 들었다고 알려진 식품의 섭취를 줄이는 게 바람직하다.

4) 아크릴아마이드와 조리방법

① 조리온도 120℃ 이상에서 식품을 굽거나 튀기면 아크릴아마이드가 생성되기 시작하고, 160℃ 이상에서는 급격히 증가한다. 식품의 조리 온도를 120℃ 이하로 낮추는 게 좋다.

② 식품을 장시간 가열하지 않는다. 고온에서 장시간 가열하면 아크릴아마이드 생성이 증가하므로 가급적 조리시간을 줄여야 한다.

③ 식품의 조리방식을 바꾼다. 식품을 굽거나 튀기는 대신 찌거나 삶으면 아크릴아마이드 생성을 막을 수 있다.

120℃ 이하로 조리

장시간 가열하지 않기

굽기보다 찌거나 삶기

④ 생감자를 튀기기 전에 물과 식초를 1:1로 혼합한 물에 15분 정도 담갔다가 조리하면 아크릴아마이드 생성을 줄일 수 있다.

⑤ 감자를 냉장고에 보관하지 않는다. 감자를 냉장고에 장기간 보관하면 아크릴아마이드 양이 증가한다. 감자는 8℃ 이상의 음지에 보관하는 게 좋다.

⑥ 조리 시 식품의 색깔을 관찰한다. 감자 · 빵 · 시리얼 등을 조리할 때 갈색으로 변하지 않도록 하고, 조리 후 갈색으로 변한 부분은 제거하고 먹는 게 좋다. 갈색 부분에 아크릴아마이드가 함유되어 있을 수 있기 때문이다.

⑦ 조리 시 설탕을 적게 쓴다. 식품을 조리하거나 빵을 만들 때 설탕을 적게 쓰면 아크릴아마이드 생성을 줄일 수 있다.

⑧ 조리를 마친 고기는 섭취 직전에 후추를 추가한다.

⑨ 육류를 굽거나 튀기는 조리법 대신 전통 조리법인 삶기 · 찌기를 적극 활용한다.

생감자
전처리하기

감자를 냉장고에
보관하지 않기

조리 시
식품 색깔 관찰하기

조리 시
설탕 적게 쓰기

■ 고기 구울 때 후추는 언제 뿌려야 할까?

고기를 불에 구우면서 후추로 양념할 경우에는 고기를 구운 뒤에 뿌리는 게 좋다. 고기를 구우면서 후추를 뿌리면 후추가 고온에 노출되는 시간이 늘어 아크릴아마이드 생성량이 증가할 수 있기 때문이다. 한 실험에서 조리 전 후추에서는 후추 1g당 평균 492ng(나노그램)의 아크릴아마이드가 검출되었지만, 후추를 뿌리고 볶음조리를 한 후에는 후추 1g당 5,485ng, 튀김조리 후에는 6,115ng, 구이조리 후에는 7,139ng이 검출되어 아크릴아마이드 양이 급격히 증가하는 것으로 나타났다.

* 1g = 1,000,000,000ng. 출처: 식품의약품안전처 보도자료(2014.8.12)

■ '감자튀김'을 어찌할까?

남녀노소가 좋아하는 감자튀김과 감자칩! 그런데 여기에 동물에게 암을 일으킬 수 있는 발암물질 아크릴아마이드가 다량 들어 있는 것으로 알려졌다. 조리과정에서 아크릴아마이드가 자연적으로 생성되는 것이다. 건강을 생각한다면 감자튀김과 감자칩을 통한 아크릴아마이드 섭취를 줄여야 한다. 다행히 우리나라의 외식업체(프랜차이즈업체)에서 즉석조리 후 판매하는 감자튀김에는 아크릴아마이드 양이 식약처의 권고치(1,000μg/kg 이하)를 만족하는 것으로 나타났지만(식품의약품안전처, 2016), 임산부는 아크릴아마이드 성분이 태아에게 전달되거나 모유에 섞일 수 있으므로 주의하는 것이 좋다. 집에서 조리온도 120℃ 이하로 직접 만들어 먹는 것도 훌륭한 대안이다.

02 비가열조리와 식품안전

1. 잔류농약

농약관리법에서 농약은 농작물(수목 · 농산물 · 임산물 포함)을 해치는 균(菌) · 곤충 · 응애 · 선충(線蟲) · 바이러스 · 잡초와 농림축산식품부령으로 정하는 동식물(병해충)을 방제(防除)하는 데 사용하는 살균제 · 살충제 · 제초제를 가리킨다. 농작물의 생리기능(生理機能)을 증진하거나 억제하는 데 사용하는 약제도 농약으로 분류된다. 진균 · 세균 · 바이러스 또는 원생동물 등 살아있는 미생물을 유효성분(有效成分)으로 하여 제조한 농약과 자연계에서 생성된 유기화합물 또는 무기화합물을 유효성분으로 하여 제조한 농약 등 천연식물보호제도 농약에 포함된다.

식품의 잔류농약(殘留農藥)이란 병충해로부터 농작물을 지키기 위하여 사용한 농약이 농작물 또는 이를 원료로 사용한 식품 중에 남아 있는 것을 말한다. 잔류농약은 농약의 성분 · 사용시기 · 사용량 등에 따라 남아 있는 정도가 다르다. 대부분의 식품에선 조리와 가공과정을 거치면서 감소해 인체에 유해할 정도로 남아 있는 경우가 드물다. 채소 · 과일은 직접 섭취하게 되므로 특히 잔류농약의 안전성이 중요시된다.

표 1-13 식품별 잔류농약 제거법

딸기	물에 1분간 담근 후 흐르는 물에 30초 정도 세척. 농약 잔류 가능성 있는 꼭지부분은 섭취 자제. 굵은소금을 뿌려 다시 문지른 다음 흐르는 물에 다시 세척
포도	1분 정도 물에 담갔다가 흐르는 물에 헹군 뒤 섭취. 포도 표면의 하얀 물질은 농약이 아니라 효모
깻잎, 상추	5분 정도 물에 담갔다가 흐르는 물에 30초 정도 세척
파	시든 잎과 함께 외피를 한 겹 벗겨낸 뒤 물로 세척. 하단부분보다 잎부분에 농약 잔류 가능성 더 높음
배추, 양배추	겉잎을 2~3장 떼어내고 물로 잘 세척
오이	흐르는 물에 오이 표면을 스펀지 등으로 문질러 씻은 뒤 소금으로 세척

■ **잔류농약 적게 섭취하는 법**

① 음식을 조리하기 전이나 먹기 전에 농산물을 물로 씻기
② 농산물을 물로 씻을 때 물을 받아 2~3회 씻기
③ 농산물을 물로 씻을 때 씻는 물에 소금 추가
④ 과일의 껍질을 벗긴 뒤 섭취
⑤ 채소는 뜨거운 물로 데치고 그 물 버리기
⑥ 채소는 살짝 삶거나 데친 뒤 섭취
⑦ 가장 바깥쪽 잎 제거
⑧ 식초에 절이기
⑨ 소금물에 절이기
⑩ 유기농산물 구입

Q & A

Q : 포스트 하비스트 농약은 식품에 잔류하는 양이 더 많나?

A : 수확 후에 농약을 사용한다고 해서 재배 시 사용한 농약보다 많이 잔류하는 것은 아니다. 농약잔류허용기준은 농약의 사용시기와는 관계없이 적용된다.

Q : 농약잔류허용기준을 초과한 식품을 섭취하면 인체에 얼마나 유해한가?

A : 일시적으로 농약잔류허용기준이 초과된 농산물을 섭취한다고 해서 인체에 위해가 발생하는 것은 아니다. 대부분의 농산물은 섭취 전 세척 또는 조리 등의 과정을 거치므로 잔류농약의 상당량이 제거된다. 사고로 다량의 농약성분을 단기적으로 섭취하면 중독증 등 부작용이 나타날 수 있다.

Q : 채소를 데치면 잔류농약을 어느 정도 줄일 수 있나?

A : 농촌진흥청은 '살짝 데치기'가 농약 제거에 효과적이란 연구결과를 발표했다. 채소를 살짝 데쳤더니 농약이 65% 이상 제거됐다. 조리용기 뚜껑을 열고 가열하는 게 더 효과적이었다.

Q : 농산물을 잘 씻으면 잔류농약이 어느 정도 제거되나?

A : 농촌진흥청의 연구결과 김치를 담그기 위해 절이고 세척하는 과정에서 잔류농약이 55% 이상 감소했다. 김치가 발효되면서 잔류농약이 70~91%까지 줄었다. 흐르는 물에 한 번 씻는 것보다 물을 받아 2~3회 씻는 것이 잔류농약 제거효과가 2배나 높았고 세척시간도 단축됐다. 씻는 물에 소금을 추가하면 잔류농약 제거효과가 더욱 높아졌다.

Q : 식품을 통해 농약을 미량이라도 계속 섭취하면, 우리 몸에 축적돼 악영향을 미칠 수 있나?

A : 식품 중의 잔류농약이 우리 몸에 축적되는 경우는 거의 없다. 동물실험을 통해 사람의 신체에 축적되지 않는 것으로 평가된 농약만이 농작물 재배에 사용될 수 있기 때문이다. 몸에 들어온 농약은 소변 · 대변과 함께 자연스럽게 배설된다.

2. 식중독균

식중독은 "식품 섭취로 인해 인체에 유해한 미생물 또는 유독물질에 의해 발생했거나 발생한 것으로 판단되는 감염성 질환 또는 독소형 질환"으로 규정됐다(식품위생법 제2조). 식품공전엔 살모넬라 · 황색포도상구균 · 장염비브리오균 · 리스테리아 모노사이토제네스 · 장출혈성 대장균 · 캠필로박터제주니/콜리 · 여시니아엔테로콜리티카 · 바실루스 세레우스 · 클로스트리디움 퍼프린젠스가 식중독균으로 분류돼 있다. 바실루스 세레우스와 클로스트리디움 퍼프린젠스를 제외한 나머지 식중독균은 식육(제조 · 가공용 원료 제외), 살균 또는 멸

균처리했거나 더 이상의 가공 · 가열조리를 하지 않고 그대로 섭취하는 가공식품에선 음성(불검출)이어야 한다. 식육과 식육제품에선 결핵균 · 탄저균 · 브루셀라균이 검출돼선 안 된다. 가공식품 중 바실루스 세레우스와 클로스트리디움 퍼프린젠스에 대해선 따로 검출허용기준을 설정해 관리하고 있다.

출처: 식약처

그림 1-12 식생활안전수칙 : 식품안전을 위한 똑똑한 장보기

1) 식중독 예방을 위한 식품취급과 영양조리 방법

(1) 청결유지

- 식품을 다루기 전과 조리하는 중간에 손을 자주 씻는다.
- 화장실에 다녀온 후에는 반드시 손을 씻는다.

- 식품조리에 사용하는 모든 기구 및 표면을 깨끗이 세척하고 소독한다.
- 조리장소와 식품을 곤충, 해충 및 기타 동물로부터 보호한다.

대부분의 미생물이 질병을 유발하지는 않지만 일부 유해한 미생물은 토양, 물, 동물 및 사람에게서 발견될 수 있다. 이와 같은 유해한 미생물은 손, 행주, 조리기구, 특히 도마를 통해 옮겨질 수 있으며, 경미한 접촉으로도 식품에 쉽게 옮겨져 식중독을 일으킬 가능성이 있다.

(2) 익히지 않은 음식과 익힌 음식의 분리

- 익히지 않은 육류, 가금류 및 해산물은 다른 식품과 분리한다.
- 칼이나 도마 등의 조리기구는 가열 식품과 비가열 식품용으로 구분하여 따로 사용한다.
- 익히지 않은 음식과 익힌 음식 간의 접촉을 피하기 위하여 식품은 별도의 용기에 담아 보관한다.

가열하지 않은 식품, 특히 육류, 가금류, 해산물 및 그 육즙에는 유해한 미생물이 있을 수 있어 식품 조리 및 보관 중 다른 식품으로 옮겨질 수 있기 때문이다.

(3) 완전히 익히기

- 식품, 특히 육류, 가금류, 계란 및 해산물은 완전히 익힌다.
- 수프 및 스튜와 같은 식품은 반드시 70℃까지 가열한다. 육류나 가금류의 경우에는 육즙이 분홍색을 띠지 않고 맑게 될 때까지 가열한다. 온도계를 사용하는 것이 좋다.
- 조리되었던 식품은 완전히 재가열한다.

적절하게 가열하면 유해한 미생물은 대부분 죽는다. 연구에 의하면 식품을 70℃까지 가열하면 안전하게 식품을 섭취할 수 있다고 한다. 다진 고기, 구이용 고기말이, 뼈가 붙어 있는 고기 및 통째로 조리된 가금류는 특히 주의가 필요하다.

(4) 안전한 온도에서 보관하기

- 조리한 식품은 실온에 2시간 이상 방치하지 않는다.

- 조리한 식품 및 부패하기 쉬운 식품은 즉시 냉장고에 보관한다(5℃ 이하).
- 조리한 식품은 먹기 전에 뜨거운 상태(60℃ 이상)로 유지한다.
- 냉장고 안이라도 식품을 장기간 보관하지 않는다.
- 냉동식품은 실온에서 해동하지 않는다.

실온에서는 식품 중 미생물이 매우 빨리 증식할 수 있다. 보관온도를 5℃ 이하나 60℃ 이상으로 유지할 경우 미생물의 증식은 둔화되거나 중지된다. 그러나 일부 유해한 미행물은 5℃ 이하에서도 여전히 증식한다.

(5) 안전한 물과 원재료 사용하기

- 안전한 물을 사용한다.
- 신선하고 질 좋은 식품을 선택한다.
- 살균우유와 같이 안전하게 가공된 식품을 선택한다.
- 특히 과일이나 채소는 가열조리 없이 그대로 먹을 경우, 잘 씻는다.
- 유통기한이 지난 식품은 사용하지 않는다.

물과 얼음 등을 포함한 식품 원재료는 유해한 미생물 및 화학물질에 오염될 수 있다. 이로 인해 손상된 식품이나 곰팡이가 핀 식품에는 유독한 화학물질이 생성될 수 있다. 식품 원재료 선택 시 주의를 기울이거나, 세척 및 껍질 벗기기 등과 같은 간단한 처리로 식품으로 인한 위해를 줄일 수 있다.

2) 상황별 식중독 예방요령

(1) 야외에서 음식 조리할 때

- 음식물 조리 전후에 깨끗한 물과 비누로 20초 이상 손 세척
- 고기류(바비큐)를 구워 먹을 때 완전히 익힌 뒤 섭취
- 지하수 · 약수는 반드시 끓여 마심
- 집게 · 가위 등은 생고기용과 익힌 고기용으로 구분해 교차오염 차단

(2) 도시락·간편식 이용 시

- 밥 · 반찬류는 충분히 식힌 후 도시락 용기에 옮김

- 김밥 속재료도 가열 조리해 식힌 후 사용
- 운반할 때 아이스박스에 넣거나 물이 든 페트병을 얼려 함께 보관하되 최대한 빨리 섭취
- 식사 전 흐르는 물에 비누로 20초 이상 손 세척
- 먹고 남은 음식은 잔반통에 폐기

(3) 학교 등 집단급식소·대형음식점의 경우

- 조리종사자가 설사 · 화농성 질환을 갖고 있는지 매일 확인. 이런 질환이 있는 사람은 조리업무에서 배제
- 조리대 · 주방시설 등에 대해 염소 소독 실시
- 교차오염이 일어나지 않도록 고기류와 채소류의 칼 · 도마 · 용기 등은 구분 사용
- 주방도구를 사용한 후 바로 세척 · 소독
- 식재료나 조리된 음식은 식중독균이 증식할 수 없도록 5℃ 이하 냉장 또는 60℃ 이상 온장 보관 등 철저한 온도관리
- 지하수 물은 반드시 끓여서 제공
- 음식 조리할 때 음식의 내부까지 충분히 익을 수 있도록 74℃에서 1분 이상 가열
- 식중독이 유행할 때는 식중독 발생 위험이 상대적으로 높은 샐러드 등 비가열 메뉴 조리 회피

(4) 야외에서 음식을 조리할 경우

- 음식물 조리 전후에 깨끗한 물과 비누로 20초 이상 손 세척
- 고기류(바비큐)를 구워 먹을 때 완전히 익힌 뒤 섭취
- 지하수 · 약수는 반드시 끓여 마심
- 집게 · 가위 등은 생고기용과 익힌 고기용으로 구분해 교차오염 차단

3) 식중독균의 종류에 따른 식중독 예방법

■ 캠필로박터균이란?

• 캠필로박터균(Campylobacter sp.)은 동물에서 사람으로 전염되는 인수공통감염병을 일으키며, 각종 야생동물 및 가축 장관 내에 널리 분포한다.

• 특히 닭, 칠면조, 돼지, 개, 소, 고양이 등의 보균율이 높으며, 인간보다 체온이 높은 가금류의 경우 장내증식이 쉽게 일어난다.

• 대부분의 균은 37℃에서 잘 자라지만 캠필로박터균은 42℃에서 잘 증식하고, 열에 약해 70℃에서 1분 만에 사멸한다.

■ 캠필로박터 식중독 발생현황은?

• 캠필로박터 식중독은 기후 변화, 닭 섭취 증가 등에 따라 매년 발생이 증가하는 추세이다.

* ('13) 6건/231명, ('14) 18건/490명, ('15) 22건/805명, ('16) 15건/831명, ('17) 6건/101명

• 여름철에 가장 많이 발생하고, 전체 환자의 70%가 학교 등 집단급식소에서 발생한다.

* 최근 5년 시설별 캠필로박터 식중독 발생현황 : (집단급식소) 33건/1,720명 > (경찰 등 특수시설) 18건/528명 > (음식점) 13건/201명 등

■ 캠필로박터 식중독 증상은?

• 캠필로박터 식중독의 증상은 다른 세균성 식중독과 현저히 다르다. 잠복기간은 2~7일로 길게는 10일까지도 가며, 증상은 보통 발열, 권태감, 두통, 근육통 등의 전구 증상이 있고, 이어서 구토, 복통이 나타난다. 그 후 수 시간 내지 2일 후에 설사증상이 나타난다.

■ 클로스트리디움 퍼프린젠스

자연계에 널리 분포하는 것으로 알려진 클로스트리디움 퍼프린젠스는 생장과정에서 열에 강한 포자를 만들기 때문에 조리과정에서 병원성대장균, 노로바이러스 등과 같이 식중독균 자체는 사멸하지만 포자가 남아 있어 조리 후 보관온도 관리가 중요하다.

- 포자가 남은 조리된 식품을 잘못된 온도에서 보관하면 포자가 깨어날 수 있으며 균이 증식하면서 만들어지는 독소에 의해 식중독이 발생하게 된다.

– 클로스트리디움 퍼프린젠스는 산소가 없는 곳(혐기성 조건)에서 잘 자라는 균이다.

– 포자(균들의 씨앗)를 생산하는 과정 중에 독소를 생산하며 독소는 열에 약해 75℃에서 파괴된다. 하지만 포자는 100℃에서 1시간 이상 가열해도 죽지 않고 60℃ 이하에서 깨어나 세균이 증식하여 식중독이 발생하게 된다.

■ 클로스트리디움 퍼프린젠스 식중독 발생현황은?

- 클로스트리디움 퍼프린젠스 식중독은 노로바이러스, 병원성대장균, 살모넬라 다음으로 많이 발생하는 식중독으로 특히 봄철에 많이 발생하고 있다.

– 최근 5년('13~17년) 동안 클로스트리디움 퍼프린젠스 식중독은 총 90건, 3,104명 환자가 발생하였고, 이 중 50건(55.6%), 1,669명(53.3%)이 3~5월에 집중되었다.

일교차가 커지는 봄철에는 낮기온은 높지만 아침 · 저녁으로는 쌀쌀해 음식물을 상온에 그냥 두는 경우가 있다.

- 많은 음식을 한번에 조리하여 조리된 음식을 상온에 그냥 두는 경우 균이 잘 증식하게 되어 대형 식중독이 발생하게 된다.

* 계절별 퍼프린젠스 식중독 발생현황: 봄 55.6%(50건/1,669명), 여름 16.7% (15건/741명), 가을 13.3%(12건/520명), 겨울 14.4%(13건/174명)

■ 클로스트리디움 퍼프린젠스 식중독 증상은?

- 잠복기간은 8~12시간이며 설사 · 복통 등 통상적으로 가벼운 증상 후 회복된다.

4) 식중독 예방을 위한 조리 중 위생 관리 방법

(1) 해동방법

- 냉장해동 : 5℃ 이하 냉장고에서 해동(다른 식재료와 교차오염 주의)
- 흐르는 물 해동 : 4시간 이내(해동 전 용기나 싱크대의 세척 · 소독)
- 전자레인지 해동

※ 주의사항

- 해동된 제품은 5°C 이하 유지
- 한번 해동한 식품은 재냉동 금지
- 뜨거운 물로 해동 금지

냉장 해동(O)

흐르는 물 해동(O)

전자레인지 해동(O)

흐르는 물 넘침(X)

오븐 해동(X)

상온 해동(X)

온수 해동(X)

(2) 교차오염 방지

식품 취급은 바닥으로부터 60cm 이상에서 실시

■ 싱크대의 구분 사용

- 어 · 육류용, 채소용으로 구분하여 사용
- 한 개의 싱크대를 사용하는 경우 : 채소 → 육류 → 어류 → 가금류 순으로 사용하고 매 단계별 철저한 세척 실시

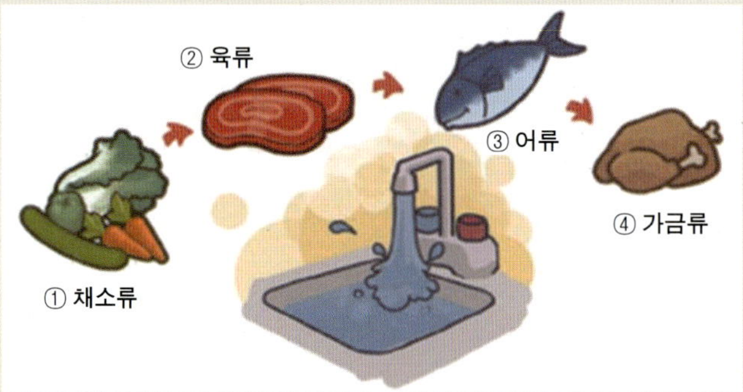

칼 · 도마의 구분 사용(나무재질 칼 · 도마 사용 금지)

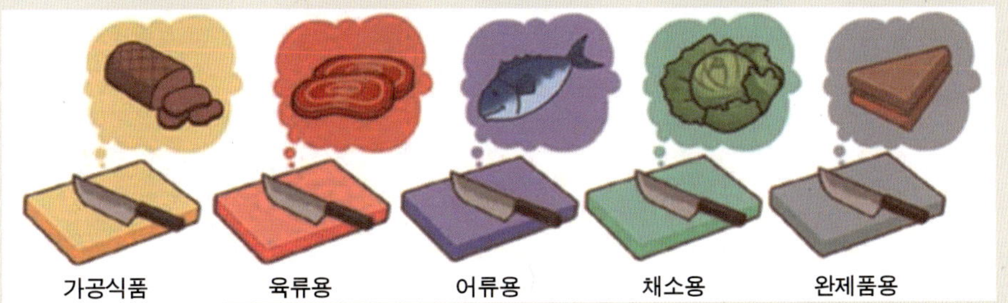

행주의 구분 사용

고무장갑 및 앞치마의 구분 사용

용기 및 덮개 구분 사용

(3) 전처리 과정

■ 생채소 및 과일의 세척소독

• 100ppm 소독액 제조 예(4% 염소표백제 사용 시)

※ 식품의약품안전처에서 식품첨가물로 인정한 제품 사용(차아염소산나트륨, 오존수, 차아염소산수, 이산화염소수 등)

물 9,975㎖ + 25㎖ = 소독액 10ℓ (10,000㎖)

■ 소독방법

소독액 제조 / 5분 이상 담금 / 2~3회 헹굼 실시 (흐르는 물에서)

■ 어패류

• 수돗물로 2~3회 세척(장염비브리오 식중독 예방)

(4) 가열작업

■ **가열 조리식품은 완전히 익히기**

(육류: 중심온도 75℃, 1분 이상 / 어패류: 중심온도 85℃, 1분 이상)

- 가열하지 않고 바로 섭취하는 식품은 생산이나 유통과정 중 식중독균에 오염될 경우 완전히 제거되기 어렵기 때문에 충분히 가열하도록 하고, 음식점이나 집단급식소 등은 채소, 과일 등의 농산물도 살균 · 소독 후 사용하는 것이 바람직하다.
  - 일반적으로 병원성대장균 및 노로바이러스 등 식중독균은 잔류염소 농도 0.5ppm에서 1분 이상 처리 시 사멸되므로 샐러드나 배추 등 가열조리 없이 섭취하는 농산물은 소독액에 5분간 침지한 후 수돗물로 충분히 세척해야 한다.

  ※ 우리나라 원인식품별 식중독 발생 건수 및 환자 수('12년) : 채소류 및 그 가공품(24건, 1,546명), 어패류 및 그 가공품(16건, 326명), 복합조리식품(9건, 157명), 육류 및 그 가공품(6건, 231명)

  ※ 바로 섭취하는 식품으로 인한 외국의 주요 식중독 발생 사례 : 새싹채소의 장출혈성대장균('11년, 독일), 육회의 장출혈성대장균('11년, 일본), 멜론의 리스테리아('11년, 미국), 멜론의 살모넬라('12년, 미국), 생굴의 노로바이러스('11년, 미국)
- 또한, 식육, 수산물 및 패류는 상하기 쉬우므로 실온에서 2시간 이상 방치할 경우 식중독 발생 우려가 크므로 85℃에서 1분 이상 충분히 익혀 섭취해야 한다.

(5) 무치기작업

- 소독된 장갑 사용
- 무치기용 등 조리기구는 알코올 등으로 소독하고 반드시 휘발시킨 후에 사용

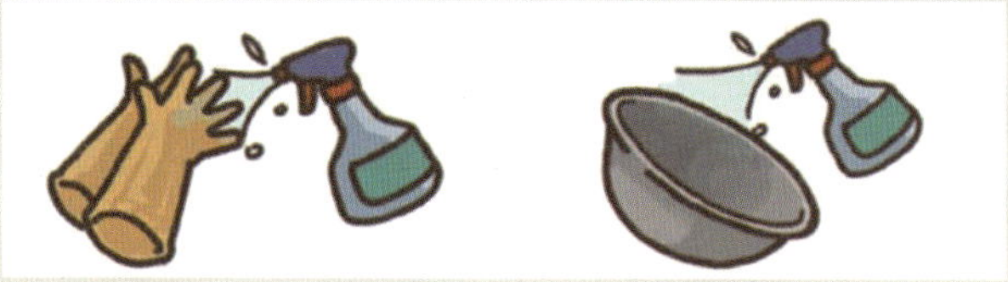

03 조리도구와 식품안전

1. 재질별 조리기구의 안전사용 요령

■ 합성수지

합성수지란 단량체(모노머, monomer)라고 불리는 저분자 화합물(에틸렌, 프로필렌 등)을 기본으로 하여, 이들이 결합시켜 만든 분자량 10,000 이상의 고분자 중합체(폴리머, polymer)를 총칭한다. 합성수지, 플라스틱 및 폴리머는 같은 의미로 사용되고 있다.

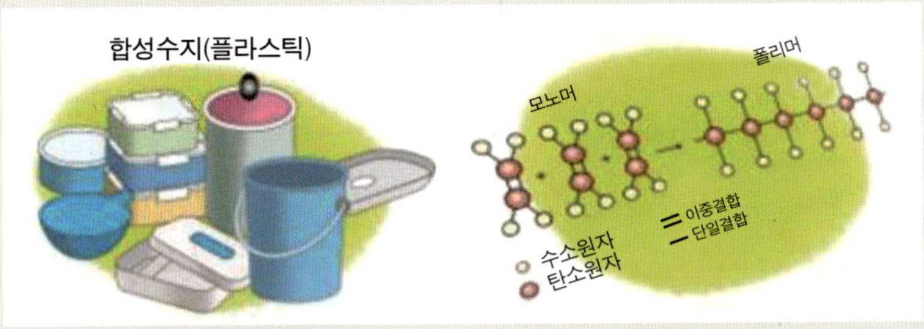

1. 합성수지 제조방법

합성수지의 주된 원료는 석유로부터 얻어진다. 그러나 석유에서 바로 합성수지가 분리되어 얻어지는 것은 아니다. 여러 단계의 화학반응과 공정 등을 거쳐 만들어지고, 다시 성형 · 가공되어 최종제품이 만들어진다.

대표적 합성수지인 폴리에틸렌(PE)을 제조하는 대략적인 공정은 다음과 같으며, 이렇게 얻어진 폴리에틸렌을 녹여 필름이나 용기형태 등으로 성형 · 가공하여 사용하게 된다.

원유 —(종류)→ 나프타 —(분해 · 정제)→ 에틸렌 —(중합)→ 폴리에틸렌

2. 합성수지제의 종류

조리기구로 많이 사용되는 합성수지제 재질은 폴리에틸렌(PE), 폴리프로필렌(PP), 폴리에틸렌테레프탈레이트(PET), 폴리스티렌(PS) 등이 있다.

(1) 합성수지제 세척방법

합성수지제 조리기구는 사용하기 전에 깨끗이 세척하고, 솔 또는 거친 수세미로 세척하는 경우에는 흠집이 생겨 미세한 이물질이 낄 우려가 있으므로 부드러운 수세미로 세척하는 것이 좋다.

(2) 합성수지제 사용 및 보관 시 주의사항

① 합성수지제 그릇, 바가지, 소쿠리 등은 화기에 가까이 하거나 국냄비에 넣고 가열하는 경우 뒤틀림 등 외형에 변형이 생길 수 있기 때문에 장시간 가열하면 안 된다.

② 합성수지제 조리기구를 냉동실에 보관하고자 하는 경우 재질에 따라 깨지는 경우가 있으므로 냉동실 사용가능 여부를 확인해야 한다.

③ 가스발생이 많은 발효식품 등은 발효과정 중 가스에 의해 터질 수 있으므로 밀폐용기에 장기간 보관하지 않는다.

④ 사용 중 긁힘이 심하게 생긴 용기는 미생물 오염 우려가 있으므로 교체해서 사용하는 것이 좋다.

⑤ 식품포장용 랩은 일반적으로 PVC랩(폴리염화비닐, 주로 업소용)과 PE랩(폴리에틸렌수지, 주로 가정용)이 있다. PVC랩은 유연성을 좋게 하기 위해 가소제를 사용하고 있으나, PE랩은 재질의 특성상 가소제가 사용되지 않으며, PVC랩에 비해 접착력이 떨어진다. 식품포장용 랩은 100℃를 초과하지 않은 상태에서만 사용해야 하고, 지방이나 알코올 성분이 많은 식품의 경우 식품과 랩 사이에는 직접 접촉되지 않도록 공간을 두어 사용해야 한다.

⑥ 양파망은 농산물인 양파를 포장하는 용도이므로 육수를 내거나 뜨거운 국물을 우려내는 경우 색소가 용출될 수 있으므로 식품 조리용도로는 사용하지 않아야 한다.

⑦ 김치나 깍두기를 담글 때 식품용으로 표시된 고무대야는 사용이 가능하다. 그러나 재활용 고무대야의 경우에는 납, 카드뮴 등 중금속이 용출될 수 있어 식품용 조리기구로 사용하면 안 된다.

(3) 합성수지제 전자레인지 사용법

합성수지제 조리기구를 전자레인지에 넣어 사용할 때는 사용 전에 전자레인지 사용가능 여부를 꼭 확인해야 하며, 전자레인지 사용이 가능한 재질(PP 등)의 경우에도 식품을 데우는 용도로만 사용하고 조리용으로 장시간 사용하지 않도록 한다. 또한, 용기의 뚜껑이나 잠금장치를 해제하고 사용해야 하며, 기름기가 많은 식품의 경우에는 내부온도가 높아져 용기가 변형되거나 파손될 수 있고, 꺼낼 때 화상을 입을 수 있으므로 주의하는 것이 좋다.

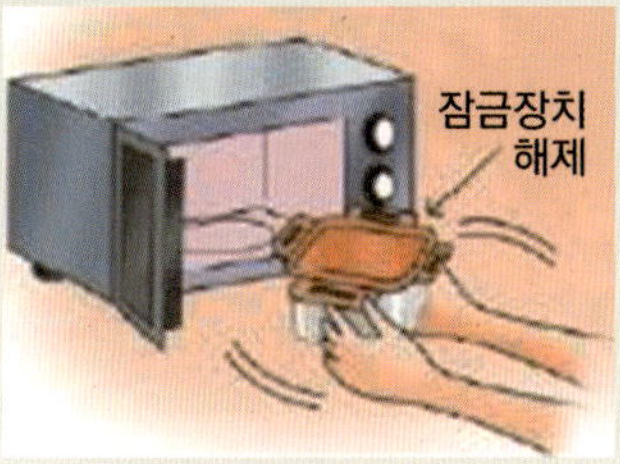

금속제

1. 금속제의 종류

스테인리스 스틸[1]	알루미늄	청동[2]	구리	철(무쇠)
		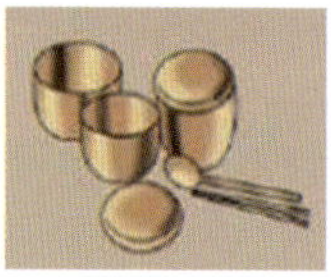		
식기, 냄비, 주전자	냄비, 호일	유기	석쇠	냄비, 프라이팬, 무쇠불판 뚜껑

1) 철+크롬+니켈의 합금
2) 구리+주석+아연의 합금

2. 금속제 세척방법

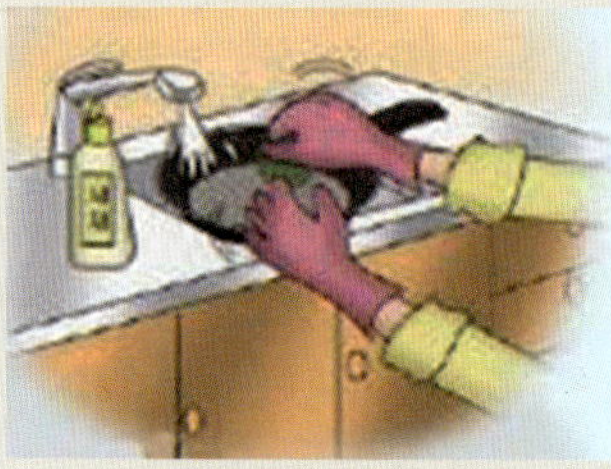

새로 구입한 금속제 조리기구는 사용하기 전에 깨끗이 세척하고, 불소수지 코팅 프라이팬이나 알루미늄제 냄비 등에 묻은 음식물 찌꺼기를 제거하는 경우에는 날카로운 금속을 사용하면 불소코팅제나 유리질의 산화알루미늄 피막이 벗겨질 수 있으므로 금속 수세미 등을 사용하지 않는 것이 좋다.

3. 금속제 보관방법

매실절임, 간장, 된장 등 산이나 염을 많이 함유한 식품은 알루미늄이 용출될 수 있으므로 알루미늄제 용기에는 장기간 보관하지 않는 것이 좋다.

4. 금속제로 조리 시 주의사항

① 불소수지 코팅 프라이팬에서 음식을 조리할 때에는 코팅이 벗겨지지 않도록 목재 등 부드러운 재질의 뒤집개를 사용하고, 빈 냄비나 프라이팬은 오래 가열하지 않는 것이 좋다.

② 금속제 조리기구는 마이크로파가 투과하지 못하고 반사되기 때문에 식품이 가열되지 않을뿐더러 끝이 날카로운 금속에서는 마이크로파가 집중되어 스파크가 일어날 수 있으므로 전자레인지에 넣어 사용하지 않도록 주의해야 한다.

③ 플라스틱 손잡이가 달린 금속제 조리기구는 오븐에 넣어 사용하지 말아야 한다.

목제류

1. 목제의 종류

목제류 조리기구에는 원목을 그대로 사용하여 만든 기구와 옻나무에서 얻은 유액을 원목에 도포하여 만든 기구가 있다.

2. 목제류 구입 시 주의사항

목제류 조리기구를 새로 구입할 때에는 음식물이 목제 속으로 쉽게 침투되지 않도록 단단하고 나무결이 촘촘한 제품을 구입하는 것이 좋다.

3. 목제류 세척방법

① 목제류 조리기구를 세척할 때에는 세척액에 담가두지 않도록 하고, 세척액으로 닦은 후에는 세척액이 잔류하지 않도록 충분히 헹궈내야 한다. 특히, 육류와 생선류 조리에 사용한 목제도마는 사용한 즉시 세척하고 뜨거운 물로 살균소독한 후 건조시키는 것이 좋다.

② 목제류 조리기구는 틈이 생겨 갈라질 수 있기 때문에 식기세척기에 넣어 세척하지 않아야 한다. 그리고 세척이 끝난 후에는 물기가 없도록 완전히 건조시키는 게 좋다.

③ 대나무술통이나 대나무밥통은 세척과 건조가 어렵고, 세척 후에도 음식물 찌꺼기가 틈새에 남아 미생물이 증식할 우려가 있기 때문에 재사용하지 않도록 한다.

4. 목제류 보관 시 주의사항

목제류 조리기구는 건조한 곳에 보관하는 것이 좋으며, 원목을 그대로 사용한 목제류 기구에는 껍질 벗긴 과일류, 채소류를 담는 용도로 사용하지 않는 것이 좋다.

■ 유리제

1. 유리제의 종류

유리제의 조리기구는 크게 일반 유리제 기구, 가열조리용 유리제 기구, 크리스털 유리제 기구로 분류할 수 있다.

일반 유리제	가열조리용 유리제	크리스털 유리제

컵, 그릇, 물병, 찬기 등	냄비, 주전자, 냄비뚜껑 등	와인잔, 주스잔 등

① 일반 유리제 기구 : 규사 이외에 산화칼슘, 수산화칼슘 등을 넣어 제조된 것

② 가열조리용 유리제 기구 : 식품을 가열하여 조리하는 용도로 제조된 것

③ 크리스털 유리제 기구 : 일반유리에 산화납 등을 넣어 무게감이 있고 빛 굴절률을 이용하여 반짝거리는 특징이 있도록 제조된 것

2. 유리제 세척방법

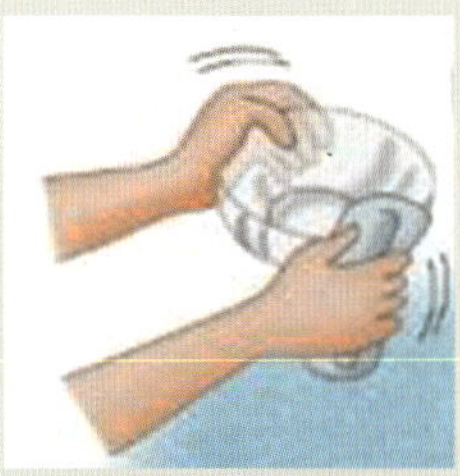

유리제 조리기구는 사용하기 전에 깨끗이 세척하고, 세척 시 깨지지 않도록 무리하게 힘을 주지 말고 부드럽게 닦아주는 것이 좋다. 또한, 흠집이 날 우려가 있으므로 금속 수세미나 연마제가 첨가된 세제 등을 사용하지 않도록 주의해야 한다. 특히, 새로 구입한 크리스털 유리제 기구는 혹시 표면에 남아 있을지 모르는 불순물을 없애기 위해 식초에 24시간 담근 후 세척하여 사용하는 것이 좋다(Health Canada : Lead Crystalware and Your Health).

3. 유리제 보관 방법

유리제 조리기구는 사고예방을 위하여 어린이의 손이 닿지 않는 곳에 보관하고, 식품을 담아 냉동실에 보관하는 경우 식품이 얼면 부피가 늘어나 파손될 우려가 있으므로 특히 주의해야 한다.

4. 유리제 사용 시 주의사항

① 일반 유리제 기구는 열 충격 강도(내열 온도차)가 낮아 전자레인지에 사용할 때에는 반드시 우유 등을 간단히 데우는 용도로만 사용하는 것이 좋다.

② 가열조리용 유리제의 경우에는 직화용, 오븐용, 전자레인지용 및 열탕용이 있으며, 용도에 따라 사용할 경우 열 충격 강도(내열 온도차) 상 문제가 없지만, 급격한 온도 변화가 있을 경우 유리가 파손될 수 있기 때문에 직접 가열하여 조리하는 경우에는 겉에 묻은 물기를 닦은 뒤에 사용하고, 뜨거운 유리를 젖은 행주로 닦거나 젖은 곳에 놓지 않도록 하며, 조리 도중 물을 더 부을 경우에는 냉수를 사용하지 않도록 주의해야 한다.

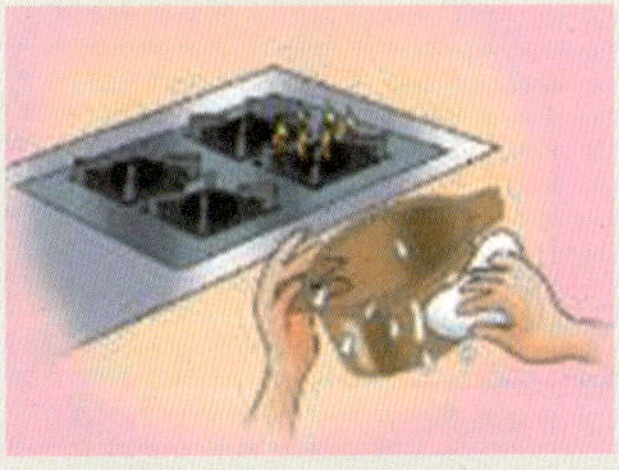

③ 납이 함유된 크리스털 유리제 기구는 음식을 제공하는 경우에만 사용하고, 식품을 장기간 보관하거나 취약계층인 유아나 임신부에게 음식을 제공하는 경우에는 납이 용출될 수 있으므로 납을 함유하지 않은(lead-free : 무연) 기구를 사용하는 것이 좋다(Health Canada : Lead Crystalware and Your Health).

④ 식기가 아닌 장식용으로 만들어진 유리제 제품은 식기로 사용하지 않아야 한다.

2. 재질별 식기의 안전사용 요령

■ 도자기제

1. 도자기와 옹기

도자기란 무기물질이 주성분인 흙(점토)을 이용하여 형태를 만들고 구워 낸 것으로, 유리제 등 다른 재질보다 내열 및 단열성이 뛰어난 장점이 있어 전통적으로 찻잔, 접시 등 식품용 기구 · 용기로 사용되어 왔다.

옹기란 질그릇과 오지그릇을 통칭하는 말로 진흙(황토)으로 만들어지며, 비교적 낮은 온도로 굽기 때문에 일반적으로 자기에 비하여 강도가 떨어지지만 통기성이 좋은 특성이 있다.

※ 옹기라 하면 일반적으로 황갈색의 유약을 칠한 그릇이 떠오르나, 유약(잿물)을 칠하지 않은 질그릇, 유약을 칠한 오지그릇이 모두 포함될 수 있다.

2. 도기와 자기

자기란 유리질 성분이 많은 원료를 높은 온도에서 구워 만들어 유리와 유사한 특성을 가진 것을 말하며, 일반적으로 도기는 자기 이외의 것들을 칭한다.

도기는 자기에 비해 흡수성이 있고, 꺼칠꺼칠한 촉감이 있으며, 상대적으로 따뜻한 느낌이 나고 둔탁한 소리가 난다.

3. 세라믹과 도자기

세라믹(Ceramics)은 점토를 구워 만든 것이라는 그리스어 Keramos에서 유래된 말로 넓은 의미로는 열처리 공정을 거쳐 얻어지는 비금속 무기재료를 총칭하며, 좁은 의미로는 도자기를 말한다.

따라서 금속산화물 등의 무기물질로 된 코팅물질을 도포한 다음 가열소성하여 무기질막을 형성한 세라믹 코팅 프라이팬 등은 도자기제로 규격적용이 가능하다.

4. 도자기의 원료

도자기의 주된 원료는 지각에 흔하게 존재하는 흙으로, 규소와 알루미늄의 산화물로 이루어진 점토, 장석, 규석 및 도석 등의 광물성 물질이 주성분이다. 여기에 미량의 철, 칼슘, 나트륨 등의 금속 산화물이 포함되어 있거나 첨가되어 있다.

5. 도기와 자기의 원료 구분

예전에는 자기의 원료로 사용되는 점토를 자토(磁土), 도기의 원료로 사용되는 점토를 도토(陶土)로 구분하기도 하였으나, 현재는 원료의 배합 및 소성기술이 발달하여 원료의 차이를 가지고 도기와 자기를 구분하는 것은 의미가 없다.

6. 본차이나

본차이나(bone china, 골회 자기)는 동양의 도자기를 모방하여 만든 것으로 영국에서 처음 만들어졌으며, 점토에 동물의 뼈를 태워서 얻은 골회(bone ash)를 첨가하여 만든 자기의 일종이다.

현대에는 골회 대신 인산칼슘 등을 첨가하여 제조하고 있으며, 한국산업표준(KS)에서는 본차이나 식기에 대하여 삼인산칼슘의 함유율을 30%(질량) 이상으로 규정하고 있다.

7. 도자기 사용 시 주의사항

재질의 특성상 금이 가거나 깨지기 쉬우므로 충격에 주의해야 하며, 음식물을 오래 담아두면 냄새 등이 배는 경우가 있으므로 사용 후 바로 닦아 보관하는 게 좋다. 또한, 테두리 등에 금 등이 장식된 경우 장식이 벗겨질 수 있으므로 씻을 때 부드러운 수세미를 이용해야 한다.

그리고 도자기는 표면이 갈라지거나 구멍(핀홀)이 없고 이물질이나 비뚤어짐이 눈에 띄지 않으며, 안정감 있는 것을 고르는 게 좋다고 한다.

알루미늄

1. 알루미늄이란

알루미늄은 지각에 존재하는 가장 흔한 금속으로, 산소, 규소 다음으로 많은 원소이다. 알루미늄은 공기 중에서 산소와 쉽게 반응하여 자연에서 발견되는 알루미늄은 대부분 산화물 형태로 존재한다.

알루미늄 식기는 열전도율이 높아 음식물이 빨리 끓고, 무게가 가벼우며, 쉽게 녹이 슬지 않는다. 알루미늄 식기류에는 냄비, 알루미늄 호일, 일회용 알루미늄 용기 등이 있다.

2. 알루미늄 냄비의 차이점

알루미늄 냄비는 제조 시 양극산화(Anodizing) 과정을 통해 산화알루미늄 피막을 형성하고, 피막 견고성을 높이기 위해 95℃ 이상의 물이나 가압 스팀으로 마감처리를 한다. 알루미늄 냄비의 색은 이와 같은 양극산화 과정의 온도와 전압, 알루미늄 합금의 종류 등에 따라 달라진다.

알루미늄 식기 제조 시 양극산화(Anodizing) 처리를 거치면 내구성이 향상되어 긁힘 등에 잘 견디고, 음식물이 쉽게 들러붙지 않는 표면을 만들 수 있어 세척이 용이해진다.

※ 양극산화(Anodizing) : 산성용액에 담가 전기를 흘려주는 공정으로 이 과정에 의해 재질 표면을 산화시켜 일정 두께의 투명 유리질 산화알루미늄(Al_2O_3) 피막을 만듦

3. 알루미늄 식기의 안전성

알루미늄은 체내에 흡수되는 양은 매우 적고, 흡수된 알루미늄도 대부분 신장에서 걸러져 체외로 배출되는 것으로 알려져 있다. 과다노출 시 구토, 설사, 메스꺼움 등을 유발하는 물질이긴 하나, 현재까지 알루미늄 식기를 통해 섭취되는 알루미늄의 양은 위해 우려가 없는 것으로 알려져 있다.

4. 알루미늄의 용출을 줄일 수 있는 방법

알루미늄의 용출은 식품 중 산 또는 염의 양, 보관 온도 및 기간 등과 같은 다양한 요인에 따라 이행되는 양이 다르므로 다음과 같은 사항을 고려해야 한다.

① 토마토, 양배추 등 산도가 낮은 식품을 알루미늄 냄비나 호일에서 조리하면 알루미늄이 쉽게 용출될 수 있으므로 사용하지 않는 것이 좋다.
② 매실절임, 간장, 된장 등 산이나 염분을 많이 함유한 식품은 알루미늄 재질의 용기에 장기간 보관하지 않는 것이 좋다.
③ 알루미늄 냄비 세척 시 날카로운 금속재질의 도구를 사용할 경우 산화알루미늄 피막이 벗겨질 수 있으므로 주의해야 한다.
④ 음식 조리 시 목재 등 부드러운 재질을 사용하여 가급적 산화알루미늄 피막이 벗겨지지 않게 사용하는 것이 좋다.
⑤ 새 제품을 구입한 경우에는 산화알루미늄 피막을 좀 더 견고하게 만들어줄 수 있으므로 물을 한 번 끓여서 사용하는 것이 좋다.

5. 알루미늄 호일 사용법

알루미늄 호일은 2매를 겹쳐서 회전하는 2개의 롤(Roll) 사이로 통과시켜 연속적으로 압축하여 얇게 만드는데, 롤러(Roller)에 접촉되는 면은 광택을 띠게 되고, 알루미늄끼리 붙어 있는 내면은 광택이 없어진다. 따라서 광택의 유무는 제조공정상 발생되는 현상이므로 알루미늄 호일 사용 시 어느 쪽을 사용해도 무관하다.

주방용품 사용 전 주의사항 및 사용방법을 확인해 주세요.

음식 조리 시에는 표면을 손상시키지 않도록 부드러운 재질의 조리도구를 사용하는 것이 좋습니다.

세척 시에는 금속 수세미나 연마성 세제 등 표면에 상처를 낼 수 있는 도구는 피하고, 스펀지와 같은 부드러운 재질의 세척도구를 이용하는 것이 좋습니다.

오븐, 가스레인지, 전자레인지 등 사용가능 여부는 용기 바닥 및 사용 설명서 등에 있는 표시를 확인해 주세요.

주방용품 안전사용법!

이것을 주의하세요!

도자기

- 금이 가거나 깨질 수 있으므로 충격에 주의
- 음식물을 오래 담아둘 경우 냄새가 밸 수 있으므로 사용 후 바로 닦아서 보관

유리

- 직화용, 오븐용, 전자레인지용 등 사용 용도에 따라 구분해서 사용
- 식품을 담아 냉동 보관할 경우 식품이 얼면 부피가 늘어나 파손될 우려가 있으며, 특히 액체 식품의 경우 냉동 시에 부피가 크게 늘어나므로 각별히 주의

법랑

- 충격에 취약하므로 급격한 가열이나 냉각을 피함
- 코팅에 손상을 줄 수 있으므로 빈 그릇을 가열하거나 산성음식 등을 장기간 보관하지 말 것

옹기

- 센 불로 조리 시 깨질 우려가 있으므로 약불이나 중불에서 사용

"생활 속 작은 실천, 모이면 청렴사회"

공익신고자 보호제도란?

식품의약품안전평가원 첨가물포장과
충청북도 청주시 흥덕구 오송읍 오송생명2로 187
Tel. (043)719-4354 Fax. (043)719-4350

행복한 대한민국을 여는 정부3.0

청렴韓세상

주방용품 똑똑하게 사용하기!

(도자기, 유리, 법랑, 옹기)

식품의약품안전처
식품의약품안전평가원

도자기, 유리 법랑, 옹기란?

도자기
흙(점토)을 이용하여
형태를 만들어
높은 온도의 불에서 구워낸 것

유리
모래, 석회석 등의 혼합물을
고온에서 녹인 후 굳힌 것

법랑
금속 표면에
유리를 코팅한 것

옹기
진흙만으로 반죽해 구운 질그릇과
질그릇에 유약을 입혀 구운
오지그릇을 통칭해서 부르는 말

주방용품 안전사용법, 실험을 통해 알려드립니다!

도자기, 유리, 법랑, 옹기류 등 주방용품은 유해물질로부터 안전한가요?

네, 걱정하지 않으셔도 됩니다!
원료가 되는 흙의 산지에 따라
중금속이 미량 있을 수 있으나,
시중에 판매되는 제품을 실험한 결과
중금속이 거의 검출되지 않았으며,
검출되더라도 ppb (10억분의 1)
수준으로 **인체에 유해하지 않는 수준**
이었습니다.

※ 1 ppb = 1 ㎍/kg = 1 x 10^{-9} = 10억분의 1

도자기 등 주방용품을 더 안전하게 사용할 수 있는 방법이 있나요?

주방용품에 **산성식품을 장기간 보관하지 않는 것**이 보다 안전하게 사용하실 수 있는 방법입니다.

산성식품: 식초, 토마토소스 등 산도가 강한 식품

도자기 등 주방용품에서 유해물질 용출량을 줄일 수 있는 방법이 있나요?

사용하시면서 **여러 번 세척**하면
오히려 용출량이 크게 줄어듭니다!

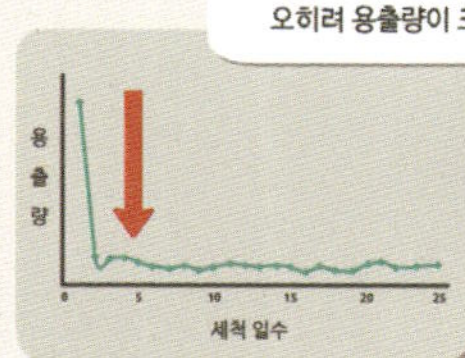

최초 구입 시 **식초를 넣어 상온에 수시간 방치하거나 살짝 끓여낸 후 깨끗이 세척**하면 보다 안전하게 사용할 수 있습니다.

출처: 2015년 식품의약품안전평가원 연구결과

04 기후 변화와 식품안전

1. 기후 변화에 따른 조리와 영향

1) 기후 변화에 따른 식품관리

(1) 기후 변화

현재의 기후가 자연적 요인(대기, 해양, 육지, 설빙, 태양활동의 변화 등)과 인위적 요인(이산화탄소 양, 지구 온난화 등)에 의해 점차 변화하는 현상을 말한다.

(2) 기후 변화가 식품에 미치는 영향

① 호우·홍수

짧은 시간 동안 내린 많은 비로 하수구나 하천이 범람하여 물에 의한 피해를 입는 재해를 말한다. → 하천범람으로 인하여 분변세균이 식재료 등에 오염될 수 있으며 고온 · 다습한 환경으로 식중독균의 증식이 빨라져 식중독이 발생할 수 있다.

② 폭염

갑작스럽게 찾아오는 심한 더위를 말한다. → 폭염 시 높은 기온으로 인하여 식품에 오염된 식중독균이 빠르게 증식하여 식중독을 유발할 수 있다. 기온이 1℃ 상승하면 장출혈성대장균에 의한 식중독 발생률이 4.6% 증가하는 것으로 알려져 있다.

2) 식재료 관리 요령

(1) 분말 · 건조 식재료

기후 변화로 인한 높은 온도 · 습도의 환경에서는 특히 상온에 보관하는 분말 · 건조 식재료에 곰팡이 등의 미생물이 빠르게 증식할 수 있으므로 이에 대한 관리가 필요하다.

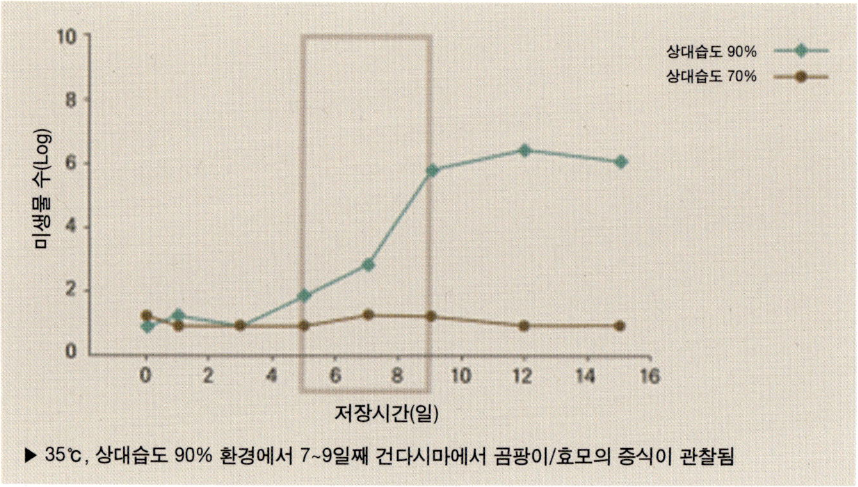

출처 : 식품의약품안전처(2013), 기후 변화에 따른 식품접객업소 위생 가이드

그림 1-13 **상대습도별 곰팡이, 효모의 증식**

- 여름철 분말 · 건조 식재료는 유통기한에 상관없이 개봉 후 5일 이내에 소비해야 하며, 5일 이상 보관 시 반드시 밀봉 또는 냉장 보관해야 한다.

■ 분말·건조 식재료의 예

- 분말식품 : 밀가루, 고춧가루, 선식, 볶은 깨 등
- 건조 농산물 : 건취나물, 건표고버섯, 건호박 등
- 건조 수산물 : 건멸치, 건새우, 건미역, 건다시마, 진미채 등

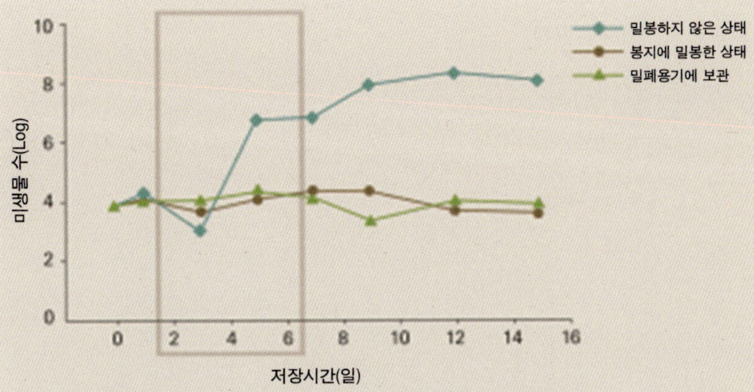

▶ 35℃, 상대습도 90% 환경에서 5일째 건호박에서 급격한 증식이 관찰되었으며,
고온 다습한 환경이라도 봉지에 밀봉하거나 밀폐용기에 보관하였을 경우 증식이 관찰되지 않았음

출처 : 식품의약품안전처(2013), 기후 변화에 따른 식품접객업소 위생 가이드

그림 1-14 포장상태별 곰팡이, 효모의 증식

(2) 엽채류 등 신선 농산물

장마기간(호우 · 홍수) 또는 폭염기간에 엽채류 등 채소의 미생물 오염도가 증가하므로 이 기간에 사용하는 신선 농산물의 세척 · 소독에 각별한 주의가 필요하다.

- 엽채류 등 신선 농산물의 소독을 위해서는 먼저 흐르는 물에 씻고, 식품의약품안전처에서 인증한 살균제(예: 차아염소산나트륨 유효농도 100ppm)로 5분 이상 침지 후 깨끗한 물로 충분히 헹궈준다.
- 하지만 살균처리 후에도 신선 농산물 표면의 작은 틈새(소수성 주머니, 기공 등)에 식중독균이 살아남아 저장기간 동안 증식할 수 있다. 따라서 살균 처리 후 식재료를 단시간 이내에 사용하거나 반드시 냉장보관해야 한다(여름철 상온 보관 시 물세척한 식재료는 약 0.5~1시간, 살

균 처리한 식재료는 약 1.2~2시간까지 안전).

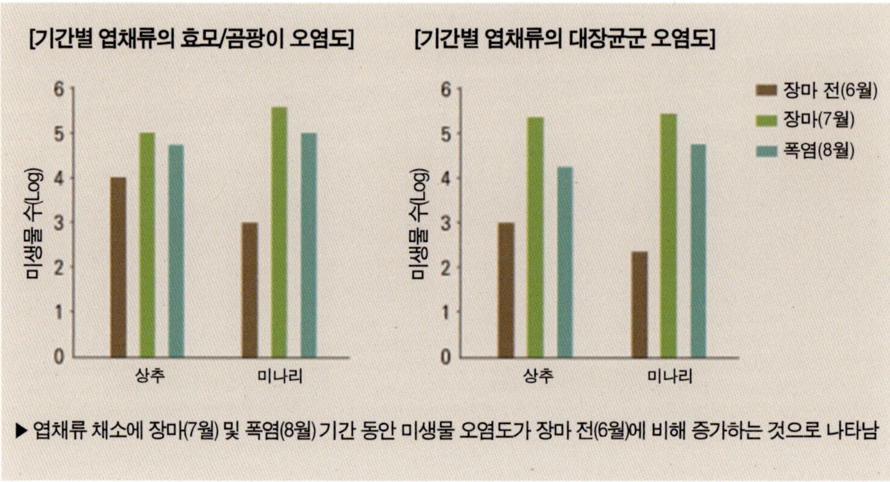

출처 : 식품의약품안전처(2013), 기후 변화에 따른 식품접객업소 위생 가이드

그림 1-15 기간별 엽채류의 효모, 곰팡이, 대장균군 오염도

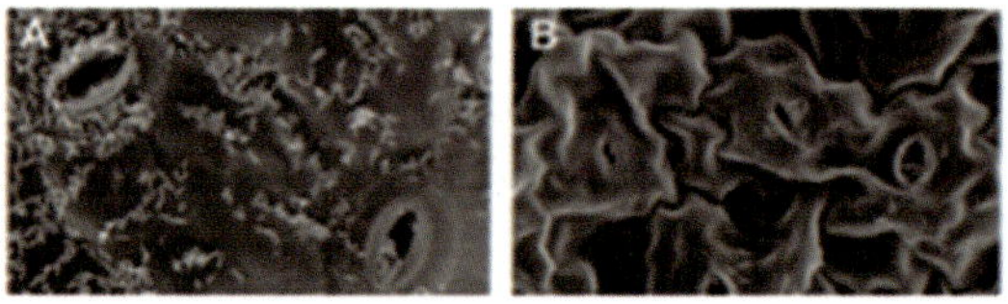

그림 1-16 양배추의 염소계 살균제 처리 전(A), 후(B)

표 1-14 온도별 양배추채 안전저장 가능시간

처리	25℃	35℃
물세척	1.5시간	30분
염소계 살균제 처리	2.0시간	1.2시간

(3) 냉동식품

냉동식품의 해동은 냉장고와 전자레인지를 이용하며, 상온에서 해동시키지 않도록 한다. 한번 해동한 식품은 재냉동을 금지한다.

3) 조리식품 보관방법

- 기온이 올라감에 따라 상온에 보관된 조리식품에 세균의 증식이 빠르게 일어날 수 있으므로 조리 후 빠르게 소비하거나 적정온도에서 냉장 또는 온장한다.
- 감자샐러드, 취나물, 어묵볶음 등은 상온 보관에 취약식품이며, 그 외의 다른 조리식품도 여름철(특히 폭염) 상온에서는 가급적 빠른 시간(1~2시간) 내에 소비해야 한다. 그 이상 조리식품을 보관할 경우에는 반드시 덮개 있는 용기에 담아 온장(60℃ 이상) 혹은 냉장(5℃ 이하) 보관한다.
- 여름철(폭염)에는 한번에 소량씩 자주 조리하여 상온에 보관되는 시간을 줄여야 하며, 배식 후 모든 잔반은 폐기한다.

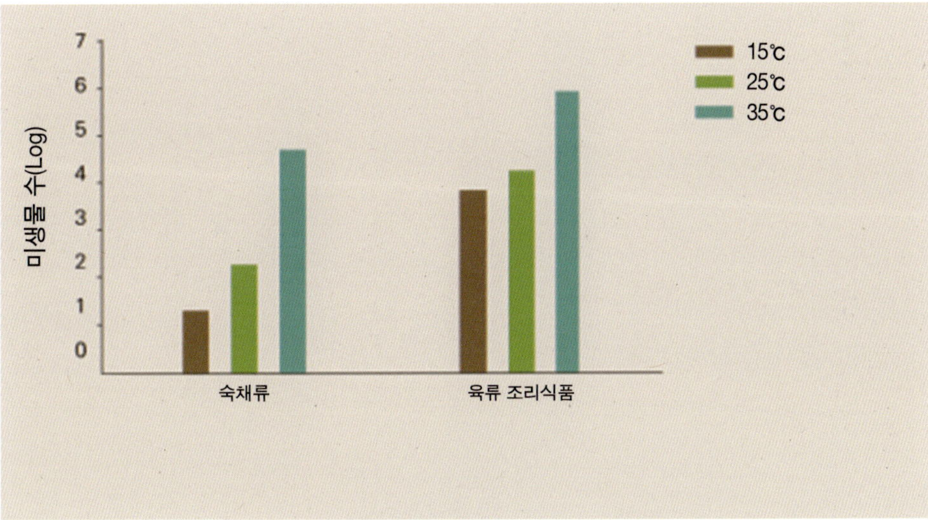

출처 : 식품의약품안전처(2013), 기후 변화에 따른 식품접객업소 위생 가이드

그림 1-17 조리제품의 온도에 따른 식중독균 증식

표 1-15 조리식품의 온도별 안전저장 가능시간

온도	감자샐러드	취나물볶음	어묵볶음	계란지단	데친 시금치	광어회
25℃	2.3시간	2.0시간	2.9시간	2.7시간	2.5시간	1.9시간
35℃	0.3시간	0.4시간	0.4시간	1.6시간	1.5시간	1.5시간

출처 : 식품의약품안전처(2013), 기후 변화에 따른 식품접객업소 위생 가이드

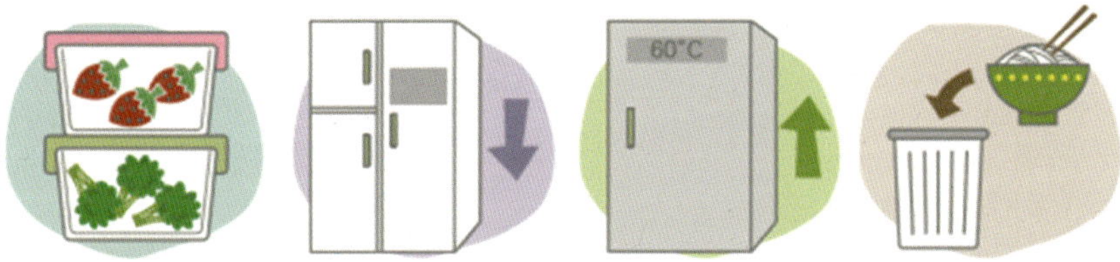

출처 : 식품의약품안전처(2013), 기후 변화에 따른 식품접객업소 위생 가이드

■ 기후 변화 대응 위생관리 주의사항

① 식재료 관리가 위생의 반!

- 상온에 보관하는 분말 건조 식재료에 곰팡이 등의 미생물이 빠르게 증식할 수 있으므로 관리(개봉 후 5일 이내 소비, 장기보관 시 밀봉 또는 냉장 보관)가 필요하다.
- 장마(호우 · 홍수) 또는 폭염기간에 엽채류 등 채소의 미생물 오염도가 증가하므로 이 기간에 신선 농산물의 세척 · 소독에 신경을 써야 한다.
- 냉동식품의 해동 시 냉장고와 전자레인지를 이용하며, 상온에서 해동시키지 않도록 한다.

② 조리식품, 보관 · 관리가 생명!

- 계절별로 위생 안전상 피해야 할 식재료들은 되도록이면 사용하지 말고 폭염 시 조리식품은 가급적 빠른 시간(2시간 이내) 내에 소비하도록 한다.
- 한번에 소량씩 자주 조리하여 상온에 보관되는 시간을 줄여야 한다.

③ 기구 · 기기는 살균 · 소독이 기본!

- 습도가 높은 환경에서 기구 · 기기 표면에 미생물이 증식하여 생물막(물체의 표면에 미생물이 부착하여 그 위에 보호물질을 둘러싼 것)을 형성할 수 있다.
- 생물막은 건조환경에서도 높은 생존율을 나타내기 때문에 여름철에는 기구 · 기기의 살균소독을 철저히 해야 한다.

기상재난 시 대처요령 Q&A

Q1. 태풍으로 인해 강물이 범람하여 식당이 침수되었습니다. 어떻게 대처하면 좋을까요?

A1. 식품 및 식재료 폐기 여부 판단

침수되었거나 침수가 의심되는 식품 중에 육류 · 어패류 · 계란 및 유제품, 과일 · 채소류, 종이포장 제품은 반드시 폐기한다. 반면, 침수되었더라도 포장식품(통조림, 레토르트 식품, 합성수지 포장제품)은 사용해도 무방하다. 단, 개봉하기 전 살균소독제를 적신 행주로 식품 포장 외부를 세척하고 개봉 후 내용물의 변질 여부를 반드시 확인한다.

A2. 침수 후, 조치사항

물이 고이게 되어 감전사고가 발생할 수 있다. 기기 · 기구를 다룰 때는 모든 스위치를 끄고, 콘센트를 분리한 후 복구작업을 진행해야 한다. 주변 환경을 정리해야 한다. 벽, 싱크대, 조리대 등은 살균소독제를 이용하여 닦아준다. 기기 · 기구는 반드시 살균소독제로 처리하거나 열탕소독 또는 자외선 처리 후 사용한다. 특히 침수된 조리실의 타일바닥과 배수로는 각종 음식물 찌꺼기와 부산물이 남아 있으므로 반드시 청소를 해야 한다.

Q2. 장마철 집중호우로 인해 전기가 나갔다. 냉장고 안의 식품들은 어떻게 관리해야 할까?

A. 정전 시 냉기를 유지하기 위해 가급적 문을 닫은 상태로 유지한다. 냉장고는 4시간, 냉동고는 48시간 동안 온도를 유지할 수 있다. 식품을 한군데에 모으고 온도변화에 민감한 식품은 냉장고 안쪽 깊숙이 보관한다. 가공식품(병 · 통조림, 레토르트, 밀가루, 장류 및 조미식품 등)의 유통기한 표시라벨이 습기로 인하여 지워지지 않도록 투명테이프로 감싸서 보관한다. 장시간 정전을 대비하여 드라이아이스나 얼음을 사용한다. 냉장고에 20kg 상당의 드라이아이스를 사용하면 최대 48시간 동안 온도를 유지할 수 있다. 상단(조리된 식품과 세척된 채소류)과 하단(어육류) 간의 교차오염 방지를

위해 구분 보관한다. 보관된 식품의 신선도를 확인하기 위해 맛보는 행동을 금한다. 식품이 5℃ 이상의 온도에서 2시간 이내로 방치되었을 경우 식품의 종류에 따라 폐기 및 사용 여부를 구별해야 한다.

표 1-16 냉장고 정전 시 식품 종류별 폐기 여부 판단

5℃ 이상의 온도에서 2시간 이상 방치 시	
폐기해야 할 식품	사용 가능한 식품
육류 · 가금류 · 수산물, 개봉된 캔식품 절단된 채소, 우유 · 유제품, 두부	생과일, 캔과일, 버섯류, 생채소, 말린 과일 땅콩버터, 케첩, 와플 · 베이글 · 팬케이크 김치, 된장 · 고추장

출처 : 식품의약품안전처(2013), 기후 변화에 따른 식품접객업소 위생 가이드

Q3. 황사 발생 시 식품접객업소에서 특별히 주의해야 할 점은 무엇인가?

A1. 황사발생 시 조치사항

황사가 발생할 경우 중금속 · 이물 등을 포함한 먼지에 의해 식품 및 식품가공 환경이 오염되어 식중독과 건강장애가 발생할 수 있다. 식재료 및 조리식품은 플라스틱 봉투 혹은 덮개가 있는 위생용기로 밀봉하고 야외에서 저장 · 보관 중인 식재료를 영업장 내부로 옮긴다. 영업장과 창고의 창문을 닫아 외부로부터 공기의 유입을 막고, 가능한 경우 공기정화장치를 가동한다. 2차 오염을 방지하기 위해 종사자는 위생복을 착용하고 매시간 손을 닦도록 한다.

황사 발생 시 특별히 주의 및 관리가 필요한 식품
노점상, 포장마차 등 야외에 노출되어 판매되는 조리식품
밀봉 · 포장이 되지 않은 과일 · 채소류
식품의 가공 · 조리 과정에서 종사자의 옷, 손 등에 의하여 2차 오염이 될 수 있는 식품
장독대에 저장되어 외부에서 보관 중인 식품
야외에서 건조 중인 수산물 및 과일

출처 : 식품의약품안전처(2013), 기후 변화에 따른 식품접객업소 위생 가이드

A2. 황사 발생 후 조치사항

잔존 먼지를 제거하기 위해 영업장 주변을 청소하고 조리기구 및 기기 표면을 살균소독제를 이용하여 철저히 세척하고 살균 소독한다. 보관 중인 식품 및 식재료의 경우 살균소독제를 이용하여 충분히 세척 및 살균소독 처리 후 사용한다.

■ 식품안전 장보기 60분

1
식품안전 장보기 60분
식품 구매는 60분 이내, 냉장·냉동식품은 마지막에
실온보관 60분이 지나면 식품의 세균 수가 급속히 늘어납니다
1 냉장이 필요없는 식품
쌀, 통조림 커피, 라면…
식품 코너 Start
식품 쇼핑은 60분 이내가 좋아요
생활잡화 쇼핑 먼저! 식품 쇼핑은 나중에!
Vegetable & Fruit
2 채소, 과일
당근, 시금치 포도, 참외…
3 냉장이 필요한 가공식품
햄, 소시지 우유, 어묵…
milk
4 육류
닭고기 쇠고기 돼지고기…
5 어패류
고등어, 조기 조개, 게…
즉석 식품은 구매 후
바로 드세요
DANGER
집까지 30분 이상 걸린다면 아이스박스를 준비하세요.
장 본 후에는 최대한 빨리
우리집 냉장고로!
식품 장보기 순서
CEREAL
냉장이 필요없는 식품
채소, 과일
냉장이 필요한 가공식품
육류
어패류
보관
KFDA 식품의약품안전청

■ 식품별 명당자리 찾기

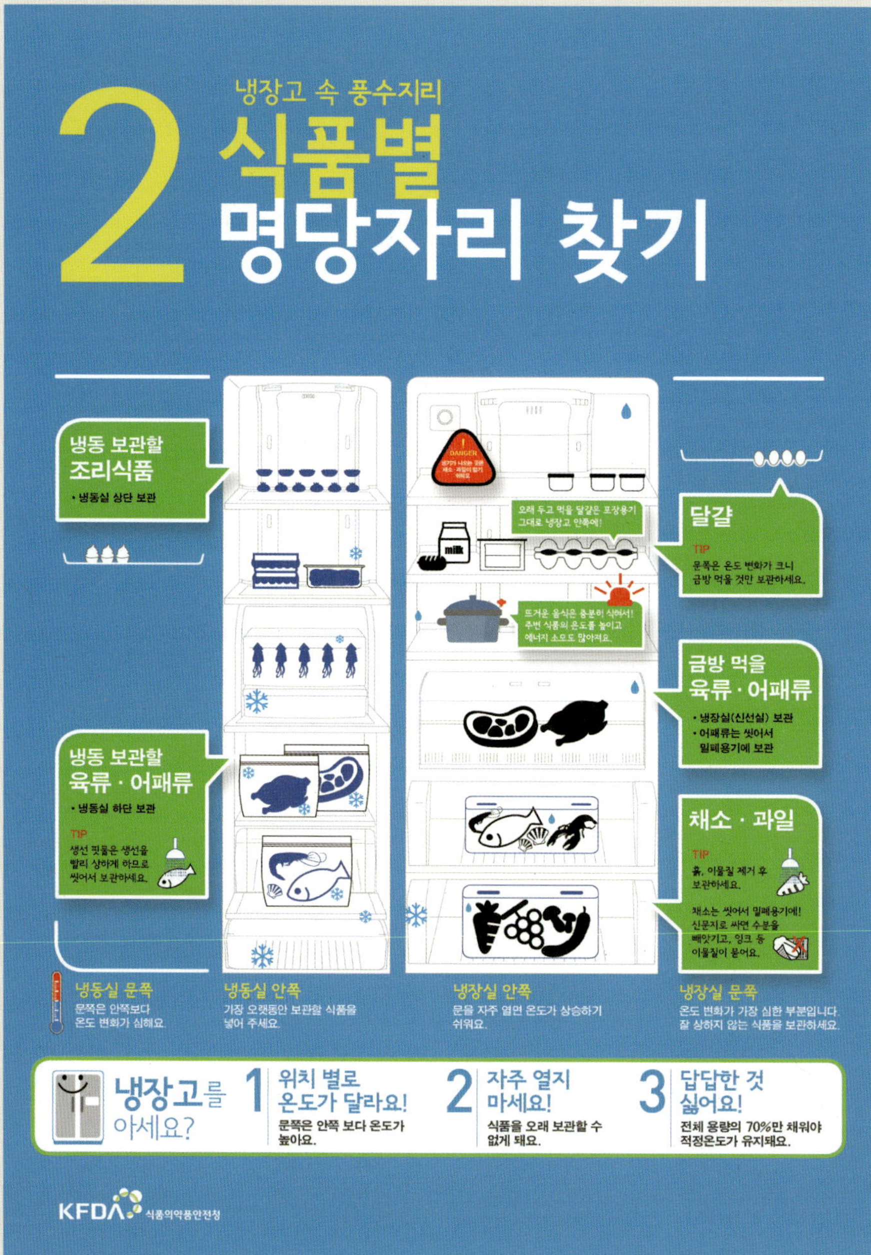

냉장고 속 풍수지리
2 식품별 명당자리 찾기
냉동 보관할 조리식품
• 냉동실 상단 보관
냉동 보관할 육류 · 어패류
• 냉동실 하단 보관
TIP
생선 핏물은 생선을 빨리 상하게 하므로 씻어서 보관하세요.
DANGER
오래 두고 먹을 달걀은 포장용기 그대로 냉장고 안쪽에!
milk
뜨거운 음식은 충분히 식혀서! 주변 식품의 온도를 높이고 에너지 소모도 많아져요.
달걀
TIP
문쪽은 온도 변화가 크니 금방 먹을 것만 보관하세요.
금방 먹을 육류 · 어패류
• 냉장실(신선실) 보관
• 어패류는 씻어서 밀폐용기에 보관
채소 · 과일
TIP
흙, 이물질 제거 후 보관하세요.
채소는 씻어서 밀폐용기에! 신문지로 싸면 수분을 빼앗기고, 잉크 등 이물질이 묻어요.
냉동실 문쪽
문쪽은 안쪽보다 온도 변화가 심해요.
냉동실 안쪽
가장 오랫동안 보관할 식품을 넣어 주세요.
냉장실 안쪽
문을 자주 열면 온도가 상승하기 쉬워요.
냉장실 문쪽
온도 변화가 가장 심한 부분입니다. 잘 상하지 않는 식품을 보관하세요.
냉장고를 아세요?
1 위치 별로 온도가 달라요!
문쪽은 안쪽 보다 온도가 높아요.
2 자주 열지 마세요!
식품을 오래 보관할 수 없게 돼요.
3 답답한 것 싫어요!
전체 용량의 70%만 채워야 적정온도가 유지돼요.
KFDA 식품의약품안전청

2. 폭염대비 식품 취급 및 안전관리 요령

1) 폭염이 식품안전에 미치는 영향

폭염 시 기온이 높아 식중독균이 번식하기 쉽기 때문에 식중독이 발생되기 쉽다. 기온이 1도 상승하면 장출혈성대장균에 의한 식중독 발생률이 4.6% 증가하였다는 보고도 있다. 식중독균에 오염된 식재료 사용으로 식중독이 발생될 수 있으며 음식 조리 후 온도 관리 미흡으로 식중독균이 성장하여 식중독이 발생될 수 있다.

■ 주의해야 할 식품군

- 여러 가지 식재료를 사용해 만드는 식품, 교차오염이 높은 식품(김밥, 샌드위치, 햄버거, 도시락 등), 비가열 · 비살균 식품, 즉석조리식품 등
- 신선식품, 육류 및 어패류
- 여름철 자동차 트렁크 보관식품

2) 폭염 시 식품 취급 및 안전 조리방법

(1) 장보기는 1시간 이내로 하고 구입 후에는 바로 냉장 · 냉동 보관

덥고 습한 여름 날씨에는 식재료가 상온에 1시간 이상 노출되면 세균이 급속히 늘어나 식중독 발생 우려가 높으므로 장보기부터 주의가 필요하다. 장을 볼 때에는 제품의 유통기한 · 표시사항을 꼼꼼히 확인하고 신선한 식품을 구입해야 하며, 상온 보관 식품부터 냉장 · 냉동 식품, 육류, 어패류 등의 순으로 1시간 이내에 마치는 것이 바람직하다. 장을 본 후 집까지 이동하는 데 시간이 오래 걸리는 경우 온도에 따라 제품이 상할 수 있는 냉장 · 냉동 식품, 육류, 어패류 등은 아이스박스나 아이스팩을 이용하여 운반하는 것이 좋다.

※ 식재료 구입순서 : 라면, 통조림 등 냉장이 필요 없는 식품 → 과일 · 채소 → 햄, 어묵 등 냉장이 필요한 가공식품 → 육류 → 어패류

(2) 식품별 구입요령

세척 절단 등 전처리 신선 과일 및 채소는 냉장제품으로 구입하고, 과일 · 채소류를 육류나 수산물과 함께 구입할 때에는 분리하여 포장한다. 농산물은 흠이 없고 신선한 것을 구입하고, 수산물은 몸통이 탄력 있고 눈이 또렷하며, 윤기가 나고 비늘이 부착된 신선한 것을 구입하는 것이 좋다.

(3) 구입 제품 보관요령

식품별 보관방법에 따라 구입 후 바로 냉장 또는 냉동에 보관하고, 냉동 육류 · 어패류 등은 온도 유지가 잘 되도록 냉동고 안쪽에 넣고 상하기 쉬운 식품은 냉장실 문쪽에 보관하지 않도록 한다. 냉장고 적정 온도를 유지하기 위해서는 전체 용량의 70% 이하로 채우며 자주 문을 열지 않기, 뜨거운 것은 재빨리 식힌 후 보관하기 등을 지키도록 한다.

※ 냉장고 위치별 낮은 온도 순 : 냉동 안쪽 < 냉동 문쪽 < 냉장 안쪽 < 냉장 채소칸 < 냉장 문쪽

(4) 캠핑장, 휴가지 등에서도 음식물 조리 · 섭취 시 손 씻기 철저히!

냉장 · 냉동 시설이 부족한 캠핑시설 등 야외에서는 식중독균 증식이 왕성한 만큼 음식물 보관과 섭취에 특히 주의해야 한다. 식재료는 아이스박스 · 팩 등을 이용하여 차갑게 운반 · 보관하며, 과일 · 채소는 고기나 생선의 육즙이 닿지 않도록 각각 분리해서 포장 보관하고, 자동차 트렁크는 온도가 높을 수 있으므로 가급적 음식물을 보관하지 않도록 한다. 채소, 과일 등 익히지 않고 먹는 음식은 수돗물, 먹는 물로서 검사가 완료된 지하수 등 안전성이 확인된 물로 씻어야 하며, 계곡물이나 샘물은 사용하지 않는다.

3) 위기경보 단계별 행동지침

구 분	행 동 지 침
관 심 식중독세균으로 인한 식중독의 다수 발생이 언론에서 지속적으로 제기되어 확산 징후가 발생한 경우	• 대국민 경보를 습득하여 대비하세요. • 식약처에서 제공되는 위해정보를 홈페이지나 보도자료를 통하여 습득하여 대비하세요. • 식약처에서 제공되는 주의 요령을 습득하여 대비하세요. • 소고기, 돼지고기, 닭고기는 충분히 익혀 드세요. • 어패류 등은 85℃에서 1분 이상 가열하여 섭취하세요. • 알코올, 카페인, 설탕이 많이 함유된 식품은 피하고, 너무 찬 음료는 마시지 마세요.
주 의 동일 원인에 의해 전국적으로 대규모 식중독의 발생 및 급식 중단사태가 발생한 경우	• 대국민 경보를 습득하여 대비하세요. • 식약처에서 제공되는 위해정보를 홈페이지나 보도자료를 통해 습득하여 대비하세요. • 소고기, 돼지고기, 닭고기는 충분히 익혀 드세요. • 어패류 등은 85℃에서 1분 이상 가열하여 섭취하세요. • 알코올, 카페인, 설탕이 많이 함유된 식품은 피하고, 너무 찬 음료는 마시지 마세요.
경 계 사망환자가 발생하여 사회불안이 야기되는 경우	• 대국민 경보를 습득하여 대비하세요. • 식약처에서 제공되는 대국민 정보를 습득하여 대비하세요. • 음식은 충분히 가열 조리하여 드세요. • 육회와 같은 생식은 금지하세요. • 익히지 않은 식품 및 실온에서 4시간 이상 방치한 조리식품은 섭취하지 마세요.
심 각 국내 인명피해가 지속되어 국가적 불안으로 확대되는 경우	• 대국민 경보를 습득하여 대비하세요. • 식약처에서 제공되는 대국민 대처요령 등을 TV, 인터넷 홍보를 통해 습득하여 대비하세요. • 음식은 충분히 가열 조리하여 드세요. • 육회와 같은 생식은 금지하세요. • 익히지 않은 식품 및 실온에서 4시간 이상 방치한 조리식품은 섭취하지 마세요.

4) 폭염 시 영양 · 건강 관리

(1) 폭염에는 물, 과일로 수분을 충분히 보충

최고기온이 35℃(평년보다 4~7℃) 이상 오르면서 폭염과 열대야가 연일 계속되는 폭염에는 물이나 과일을 섭취하여 체내에 수분을 충분히 보충해 주는 것이 필요하다. 단 음료를 마시면 단맛으로 인해 오히려 갈증이 생기므로 탄산음료나 과채주스보다는 물이나 과일로 수분을 보충하고, 한번에 많은 양의 물을 마시는 것보다 수시로 자주 수분을 보충하는 것이 좋다. 카페인음료나 주류는 혈관을 확장시키고 이뇨작용을 촉진하여 체내에 있는 수분을 배출시키므로 많이 마시는 것은 바람직하지 않다. 땀으로 인해 수분 배출이 많을 때 체내 전해질 농도를 맞추기 위해 소금물을 마시는 경우가 있으나, 우리나라 국민들의 나트륨 섭취량은 필요량(1,500mg/일) 이상으로 충분히 섭취(3,669mg/일)하고 있으므로 별도의 소금 섭취는 필요하지 않다. 열대야로 밤잠을 이루지 못할 경우 수면유도제를 복용하기보다는 따뜻한 우유 한 잔을 섭취하는 것이 수면에 도움을 줄 수 있다. 우유에는 칼슘이 풍부하여 마음을 안정시키고 잠을 유도하는 성분인 트립토판이 풍부하게 함유되어 있다.

3장

식생활과 건강

Chapter 03 식생활과 건강

01 식사구성안과 식품구성자전거

1. 식사구성안

식사구성안은 일반인이 복잡하게 영양가 계산을 하지 않고도 영양소 섭취기준을 충족할 수 있도록 식품군별 대표 식품과 섭취 횟수를 이용하여 식사의 기본 구성 개념을 설명한 것이다. 식사구성안의 영양적 목표는 한국인 영양소 섭취기준을 바탕으로 설정하였다.

즉 식사구성안은 일반인들이 영양섭취기준을 충족시키기 위해 식사계획을 쉽고 올바르게 할 수 있도록 제안된 것으로 어떤 식품을, 얼마만큼, 어떻게 구성해서 먹어야 하는지 기본 개념을 제공한다.

식사구성안은 에너지, 비타민, 무기질, 식이섬유는 자신에게 필요한 양의 100%를 섭취하며 한국인 영양소 섭취기준의 에너지 적정비율인 탄수화물은 55~65%, 단백질은 7~20%, 지방은 15~30%(1~2세의 경우 20~35%)로 섭취하고 소금은 하루 5g 이하(나트륨으로 환산하면 2g 또는 2,000mg), 설탕이나 물엿과 같은 첨가당은 되도록 적게 섭취한다. 물론 일반인이 이러한 목표를 모두 맞추어서 식단을 구성하거나 평가하는 것은 매우 어려운 일이다. 따라서 식사구성안은 일반인이 복잡한 영양가 계산을 하지 않아도 한국인 영양소 섭취기준을 충족할 수 있도록 만든 1일 식단 작성법이다. 식사구성안을 활용하여 식단을 작성하면 한국인 영양소 섭취기준에서 제시한 영양목표에 가까운 식단을 일반인도 간단하고 편리하게 계획할 수 있다. 식단을 작성하는 방법에는 여러 가지가 있다. 이 중 식품구성자전거와 권장식사패턴은 일반인들이 식품을 쉽게 이해하고, 자신에게 알맞은 식단을 작성할 수 있도록 고안된 방법이다(Australian government department of health; United states department of agriculture; IOM, 2000; IOM, 2008; 한국영양학회, 2005; 한국영양학회, 2010; 한국영양학회, 2011).

표 1-17 식사구성안 영양목표와 일반적 개념의 목표

섭취 허용		섭취 주의		
에너지	100% 에너지필요추정량	지방	1~2세	총에너지의 20~35%
단백질	총 에너지의 약 7~20%		3세 이상	총에너지의 15~30%
비타민, 무기질	100% 권장섭취량은 충분섭취량 상한섭취량 미만	당류		설탕, 물엿 등의 첨가당은 최소한으로 섭취
식이섬유	100% 충분섭취량			
일반적 개념의 목표				

1. 건강인의 건강 증진을 위한 것이다.
2. 과학적인 근거를 기반으로 식사구성안을 개발해야 하며, 그러기 위해서는 최신 연구의 결과와 국민건강 영양조사의 최신 조사결과를 반영해야 한다.
3. 식사구성안은 한국인의 식생활지침에도 부합되도록 전반적인 식생활을 포함하는 내용으로 권장한다.
4. 식사구성안은 일반인들이 사용하기 쉽고 간편해야 한다.
5. 식사구성안은 영양소 섭취기준의 목표가 실제 식생활에 적용이 가능해야 한다.
6. 식사구성안은 사용자의 개인 선호식품에 따라 동일한 식품군 내에서는 식품의 변화를 주고자 할 때 식품의 대체가 용이하며, 변경한 식품은 식품 간의 영양소가 충족되어야 한다.

1) 식품군별 1인 1회 분량 설정

곡류의 대표 식품분량 및 해당 횟수는 2010년 개정안과 같이 평균 에너지 함량 300kcal에 해당되도록 하였다. 예로 식빵 1쪽 35g을 1회 분량으로 설정하면 약 100kcal에 해당되므로 0.3회라는 1인 1회 분량에 해당하는 횟수를 제시하였다.

쌀밥(210g) 보리밥(210g) 백미(90g) 현미(90g) 수수(90g)

팥(90g) 가래떡(150g) 시루떡(150g) 국수 말린 것(90g) 라면사리(120g)

팥빵, 잼빵(80g)

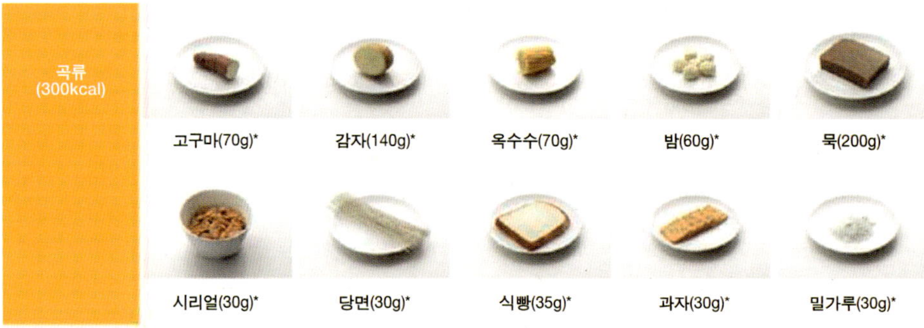

* 표시는 0.3회

그림 1-18 곡류의 1인 1회 분량

고기 · 생선 · 달걀 · 콩류는 1인 1회 분량이 평균 에너지 함량 100kcal, 평균 단백질 함량 10g에 해당한다. 육류의 경우 2010년 개정안과 마찬가지로 60g으로 설정하였으나, 가공식품인 햄, 소시지, 베이컨은 식품의약품안전처 고시 1회 제공량인 30g으로 설정하였다. 2010년 개정안과 비교하여 어묵, 게맛살과 어류젓은 다빈도 기준에 부합하여 추가되었다.

그림 1-19 고기 · 생선 · 달걀 · 콩류의 1인 1회 분량

채소류는 1인 1회 분량이 에너지 함량 평균 15kcal에 해당하도록 하였고, 2010년 개정안과 마찬가지로 김치를 포함하였다. 다른 생채소에 비해 에너지 함량이 높은 우엉은 40g으로 설정하였다.

그림 1-20 채소류의 1인 1회 분량

과일류는 1인 1회 분량이 평균 에너지 함량 50kcal에 해당하였고, 2010년 개정안과 비교하여 건포도, 대추(말린 것)가 다빈도 선정기준에 포함되어 추가하였다. 말린 과일은 평균 에너지 함량 50kcal와 식품의약품안전처 고시 1회 제공량을 고려하여 1인 1회 분량을 15g으로 설정하였다.

그림 1-21 과일류의 1인 1회 분량

우유 · 유제품류는 1인 1회 분량이 에너지 함량 평균 125kcal에 해당하며 이는 우유 1잔(200mL)에 해당하는 분량이다. 2010년 개정안과 마찬가지로 요구르트(호상) 100g, 요구르트(액상) 150g, 아이스크림 100g으로 설정하였다. 치즈의 경우 치즈 1회 제공량에 해당하는 20g으로 설정하였다.

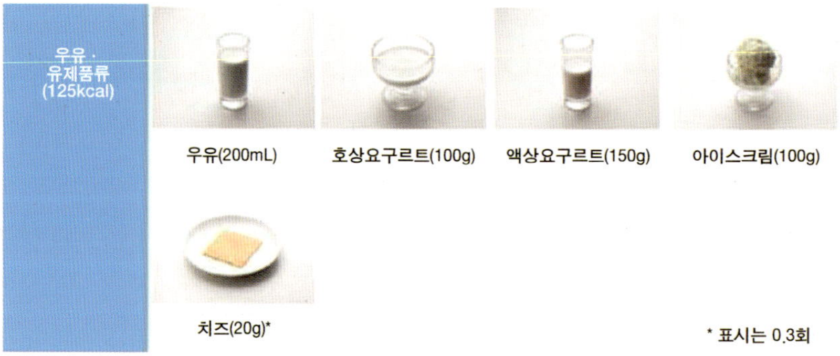

그림 1-22 우유 · 유제품류의 1인 1회 분량

유지 · 당류는 1인 1회 분량이 에너지 함량 평균 45kcal에 해당하며 2010년 개정안과 같은 값을 유지하였다.

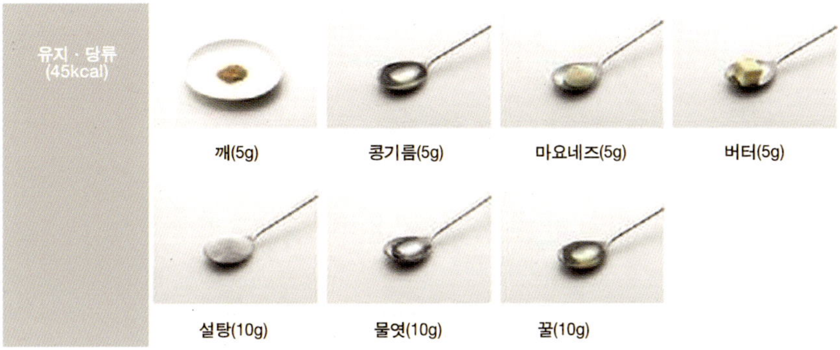

그림 1-23 유지 · 당류의 1인 1회 분량

2. 식품구성자전거

식품구성자전거는 식사구성안에 제시된 식품의 분류와 각각의 식품군이 식생활에서 차지하는 중요성과 양을 일반인들이 쉽게 이해할 수 있도록 그림으로 표시한 것이다.

우리가 섭취하는 식품들의 종류와 영양소 함량에 따라 기능이 비슷한 것끼리 묶어보면 곡류, 고기 · 생선 · 달걀 · 콩류, 채소류, 과일류, 우유 · 유제품류, 유지 · 당류의 6가지 식품군으로 구분된다. 식품구성자전거는 이러한 6가지 식품군 중 과잉 섭취를 주의해야 하는 유지 · 당류를 제외한 5가지 식품군을 매일 골고루 필요한 만큼 먹어 균형 잡힌 식사를 해야 한다는 의미를 전달하고 있다. 여기에 앞바퀴는 매일 충분한 양의 물을 섭취해야 하는 것을 표현하고 있으며 자전거에 앉은 사람의 모습은 매일 충분한 양의 신체활동을 해서 적절한 영양소 섭취기준과 함께 건강을 유지하고 비만을 예방할 수 있음을 의미한다. 식품구성자전거의 뒷바퀴를 보면 곡류는 매일 2~4회, 고기 · 생선 · 달걀 · 콩류는 매일 3~4회, 채소류는 매 끼니 2가지 이상, 과일류는 매일 1~2개, 우유 · 유제품은 매일 1~2잔을 섭취하는 것을 표현하고 있다. 유지 · 당류는 조리 시 조금씩 사용하는 것을 권장하여 2015 개정 시에는 포함되어 있지 않다.

물론 각 개인의 하루 필요량에 따라 식품의 양과 종류를 조정할 수 있으며, 식사구성안(권장식사패턴)을 이용하면 편리하게 하루에 필요한 식품군의 섭취횟수를 정할 수 있다.

식품구성자전거는 다양한 식품군 섭취를 통한 균형 잡힌 식사와 수분 섭취의 중요성, 그리고 적절한 운동을 통한 비만 예방을 강조하고 있다.

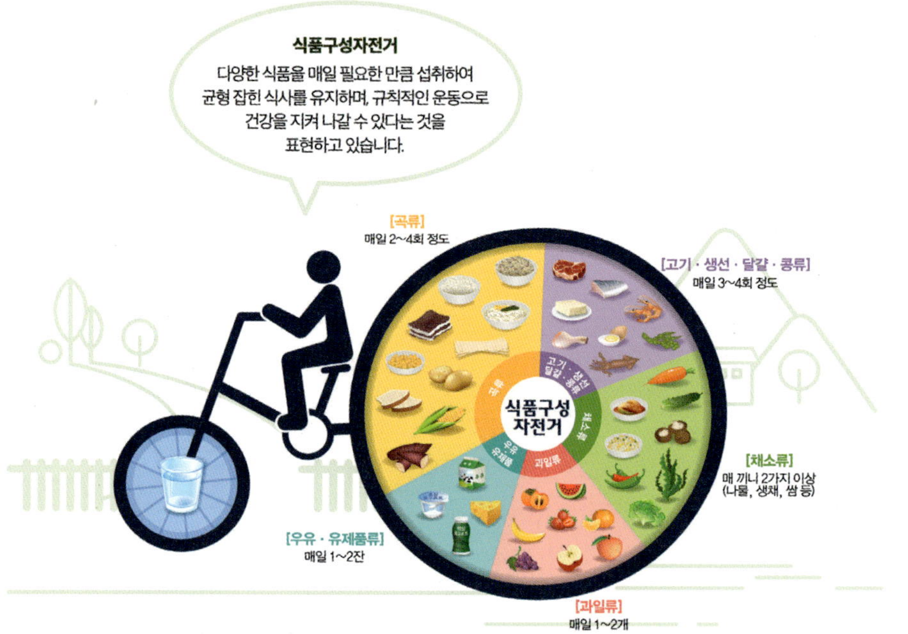

출처 : 보건복지부·한국영양학회, 2015 한국인 영양소 섭취기준

그림 1-24 식품구성 자전거

식품구성자전거는 6개의 식품군에 권장식사패턴의 섭취 횟수와 분량에 맞추어 바퀴 면적을 배분한 형태로, 기존의 식품구성탑보다 다양한 식품 섭취를 통한 균형 잡힌 식사와 수분 섭취의 중요성 그리고 적절한 운동을 통한 비만 예방이라는 기본 개념을 나타낸다. 식품군별 대표식품의 1인 1회 분량을 기준으로 섭취 횟수를 활용하여 개인별 권장섭취패턴을 계획하거나 평가할 수 있다.

표 1-18 식품군별 대표식품의 1인 1회 분량

식품군	1인 1회 분량
곡류	밥 1공기(210g), 국수 1대접(건면 100g), 식빵(대) 2쪽(100g), 감자(중) 1개 (130g)*, 시리얼 1접시(40g)*
고기·생선·달걀·콩류	육류 1접시(생 60g), 닭고기 1조각(생 60g), 생선 1토막(생 60g), 달걀 1개(60g), 두부 2조각(80g), 콩(20g)
채소류	콩나물 1접시(생 70g), 시금치나물 1접시(생 70g), 배추김치 1접시(40g), 오이소박이 1접시(60g), 버섯 1접시(생 30g), 물미역 1접시(생 30g)
과일류	사과(중) 1/2개(100g), 귤(중) 1개(100g), 참외(중) 1/2개(200g), 오렌지주스 1/2컵(100g)
우유·유제품류	우유 1컵(200g), 호상요구르트 1/2컵(100g), 액상요구르트 3/4컵(150g), 아이스크림 1/2컵(100g), 치즈 1장(20g)*
유지·당류	식용유 1작은술(5g), 버터 1작은술(5g), 마요네즈 1작은술(5g), 설탕 1큰술(10g), 커피믹스 1봉(12g)

* 다른 식품 1회 분량의 에너지를 1/2 함유하고 있으므로 식단 작성 시 0.5회로 간주함
출처 : (사)한국영양학회(2010), 한국인 영양섭취기준(1차 개정판)

3. 6가지 식품군의 이해

표 1-19 6가지 식품군

식품군	설명	대표식품	영양소
1. 곡류	주요 제공 영양소는 탄수화물로서, 활동하는 데 필요한 에너지를 제공합니다. 정제된 곡물(예: 쌀)보다 식이섬유, 무기질이 풍부한 통곡물(예: 현미)로 만든 곡류의 섭취를 권장합니다.	밥, 백미, 국수, 식빵, 냉면국수, 떡국용 떡	탄수화물
2. 고기 · 생선 · 달걀 · 콩류	주요 제공 영양소는 단백질로서, 우리 몸의 살과 피를 만들어 주며 질병에 걸리지 않도록 도와주는 역할을 합니다. 매끼 지방 함량이 낮은 살코기, 생선, 두부 · 콩류 중 1가지의 섭취를 권장합니다.	육류, 닭고기, 생선, 콩, 두부, 달걀	단백질
3. 채소류	주요 제공 영양소는 비타민, 무기질로서, 에너지 대사를 도우며 식이섬유가 함유되어 체중 감소 및 변비 해소에 도움을 줍니다. 항산화효과로 노화 예방, 피부 건강에 도움을 줍니다. 매끼 녹황색 채소 2가지, 매일 해조류(미역, 다시마, 김) 1가지 섭취를 권장합니다.	콩나물, 시금치나물, 배추김치, 오이소박이, 버섯, 물미역	비타민 무기질
4. 과일류	주요 제공 영양소는 비타민, 무기질로서, 에너지 대사를 도우며 항산화효과로 노화예방, 피부건강에 도움을 줍니다. 또한 식이섬유가 함유되어 있어 변비 해소에 도움을 줍니다. 당류가 많이 함유되어 있어 다량 섭취 시 체중 증가를 초래하므로 1일 1~2회 소량 섭취를 권장합니다.	사과, 귤, 참외, 포도, 수박, 오렌지주스	비타민 무기질
5. 우유 · 유제품류	주요 제공 영양소는 무기질, 칼슘으로서, 뼈와 치아를 만들고 튼튼하게 해줍니다. 매일 1~2회 저지방우유 섭취를 권장합니다.	우유, 치즈, 호상요구르트, 액상요구르트, 아이스크림	단백질 무기질
6. 유지 · 당류	힘을 낼 수 있도록 도와주고, 체온을 유지해 주지만 다량 섭취 시 체중 증가를 초래합니다. 특별히 챙겨먹지 않아도 음식 조리 등에 많이 첨가되므로 별도의 섭취는 필요하지 않으며, 특히 당류는 과식하지 않도록 주의합니다. 호두, 아몬드 등 불포화지방산을 많이 함유한 견과류의 섭취는 권장합니다.	식용류, 버터, 마요네즈, 커피믹스, 설탕, 꿀	지질 탄수화물

출처 : 한국영양학회(2010), 한국인영양섭취기준

02 식품의 영양표시제도

영양표시제도는 가공식품의 영양적 특성을 일정한 기준과 방법에 따라 표현하도록 국가가 관리하는 제도로 허위, 과대표시나 광고로부터 소비자를 보호하고 올바른 영양정보를 제공하여 식품선택에 도움을 주고자 하는 의도에서 마련되었다. 현재 영양표시제는 모든 식품에 대한 의무규정이 아니므로 공급자의 선택에 따라 표시의 유무를 결정할 수 있으나 표시하고자 한다면 기준을 준수하여야 한다.

특수영양식품, 건강보조식품, 그 외 영양소 함량을 강조 표시한 제품에 대해서는 의무적으로 영양표시를 하도록 되어 있다. 필수적으로 표시해야 하는 영양소는, ① 총열량, 지방으로부터 얻는 열량, ② 총지방, 포화지방, 콜레스테롤, ③ 나트륨(sodium, Na), ④ 총탄수화물, 식이성 섬유, 설탕류, ⑤ 강화된 식품, ⑥ 단백질, 비타민 A, 비타민 C, 칼슘, 철분 등이다.

1. 영양표시

올바른 식품 선택을 위해서는 식품포장지에 있는 영양표시 내용을 확인한 뒤 식품을 구매하는 것이 좋다. 영양표시는 열량, 탄수화물, 당류, 단백질, 지방, 포화지방, 트랜스지방, 콜레스테롤, 나트륨 등을 나타낸 것으로 영양표시를 통해 제품이 가진 영양소와 양에 대한 정보를 알 수 있다.

"영양표시는 식품에 열량, 당류, 나트륨 등의 영양소가 얼마만큼 들어 있는지 함량을 표시한 것을 말합니다.

영양성분		
1회 제공량 1개(80g), 총 2회 제공량(160g)		
	1회 제공량당 함량	*%영양소 기준치
열량	285kcal	-
탄수화물	46g	14%
당류	23g	-
단백질	5g	8%
지방	9g	18%
포화지방	2.5g	17%
트랜스지방	2g	-
콜레스테롤	80mg	27%
나트륨	150mg	8%

*%영양소 기준치 : 1일 영양소기준치에 대한 비율

① **1회 제공량, 총제공량**
이 제품은 총 2회 섭취하도록 제공되었으며 한번 먹기에 적당한 양(1회 제공량)은 80g(1개)입니다.

② **열량**
1회 제공량(80g)만큼 먹었을 경우 섭취한 열량은 285kcal

③ **%영양소 기준치**
1회 제공량만큼 먹었을 때 하루 필요한 단백질의 8%를 섭취!

출처 : 식약처(2014), 영양표시 읽는 요령 – 따라하면 어렵지 않아요!

2. 영양표시의 활용

김밥	3,000원 250kcal	떡볶이	3,000원 400kcal
순대	3,000원 400kcal	와플	2,000원 300kcal
핫도그	2,000원 350kcal	통감자	2,000원 250kcal

1회 제공량 1개 (80g)
총 2회 제공량(160g)

이 제품의 총 제공량은 160g이고 한 번에 먹기 적당한 양인 1회 제공량 80g을 기준으로 영양성분의 함량을 표시하였습니다.

영 양 성 분

1회 제공량 1개(80g)
총 2회 제공량(160g)

1회 제공량당 함량		%영양소 기준치
열량	285kcal	-
탄수화물	46g	14%
당류	23g	-
단백질	5g	8%
지방	9g	18%
포화지방	2.5g	17%
트랜스지방	2g	-
콜레스테롤	80mg	27%
나트륨	150mg	8%

%영양소 기준치 : 1일 영양소 기준치에 대한 비율

%영양소 기준치

1회 제공량만큼 먹었을 때 하루 필요한 영양성분의 몇 %를 섭취하게 되는지 알 수 있습니다. %영양소 기준치는 1일 영양소 기준치에 대한 비율을 나타낸 것입니다.

출처 : 식품의약품안전처

3. 식품에 표시된 영양표시

우리 몸에 좋은 간식을 선택할 수 있는지 아래 영양표시를 잘 보고 문제를 풀어보자.

영 양 성 분

1회 제공량 1개(100g)
총 2회 제공량(200g)

1회 제공량당 함량		%영양소 기준치
열량	190kcal	
탄수화물	20g	6%
당류	10g	
단백질	5g	8%
지방	10g	20%
포화지방	3g	20%
트랜스지방	0g	-
콜레스테롤	30mg	10%
나트륨	100mg	5%

%영양소 기준치 : 1일 영양소 기준치에 대한 비율

1. 이 식품의 총 제공량은 몇 회입니까?
(2회)

2. 1회 제공량의 열량은 몇 kcal입니까?
(190kcal)

3. 1회 제공량을 먹으면 하루 섭취하도록 권하는 단백질의 몇 %를 먹나요?
(8%)

4. 이 식품의 총 나트륨 양은 몇 mg입니까?
(200mg)

5. 이 식품을 모두 섭취하면 지방은 모두 몇 g 섭취합니까?
(20g)

6. 이 식품은 고열량 · 저양양식품입니까?
(아니오)

03 식품 알레르기

1. 식품 알레르기

식품 알레르기란 일반인에게는 무해한 식품을 특정인이 섭취하였을 때 그 식품에 대해 과도한 면역반응이 일어나는 것을 말한다. 우리나라는 전체 인구 중 3.8~5.1%가 식품 알레르기를 가지고 있는 것으로 추정되고 있으며 이들은 알레르기 원인식품으로 인해 심한 경우 목숨까지 위협받을 수 있으므로 각별한 주의가 필요하다.

식약처 고시인 '식품 등 표시기준'엔 알레르기 유발물질은 함유된 양과 관계없이 원재료명을 표시하도록 돼 있다. 식품 알레르기 표시대상은 난류(가금류에 한한다), 우유, 메밀, 땅콩, 대두, 고등어, 게, 새우, 돼지고기, 복숭아, 토마토, 아황산류(이를 첨가해 최종제품에 이산화황으로 10mg/kg 이상 함유한 경우), 호두, 닭고기, 쇠고기, 오징어, 조개류(굴 · 전복 · 홍합 포함)를 원재료로 사용한 경우, 이런 식품으로부터 추출 등의 방법으로 얻은 성분, 이런 식품이나 성분을 함유한 식품 또는 식품첨가물을 원재료로 사용한 경우다. 표시방법은 원재료명 표시란 근처에 바탕색과 구분되도록 별도의 알레르기 표시란을 마련해 알레르기 표시대상 원재료명을 표시하게 돼 있다. 예컨대 '계란(달걀) · 우유 · 새우 · 이산화황 · 조개류(굴) 함유'라고 표시한다. 알레르기 유발물질을 사용하는 제품과 사용하지 않은 제품을 같은 제조과정(작업자 · 기구 · 제조라인 · 원재료 보관 등)을 통해 생산해 불가피하게 혼입 가능성이 있는 경우에도 주의사항 문구를 표시하게 돼 있다. 예로 "이 제품은 메밀을 사용한 제품과 같은 제조시설에서 제조하고 있습니다"라고 표시한다.

■ 식품 알레르기 원인식품!!

한국인에게 알레르기를 유발할 수 있는 물질을 식품의약품안전처에서는 「식품등의 표시기준」에 21가지를 지정하여 관리하고 있다.

1) 식품 알레르기 발생기전

유전적인 요인과 환경적인 요인이 복합적으로 작용하여 발병하는 것으로 알려져 있다. 어머니나 아버지 중 한쪽이 알레르기가 있는 경우 자녀의 30% 정도, 부모 모두 알레르기가 있는 경우 자녀의 50% 정도에서 알레르기가 발생되는 것으로 알려져 있다.

그러나 최근에 증가되고 있는 알레르기는 유전적 요소만으로는 설명되지 않는다. 식품 알레르기 학자들은 알레르기가 증가하는 원인을 공기 중의 항원, 식품 섭취 패턴의 변화 등 환경적 변화에서 찾고 있다.

2) 식품 알레르기 증상

Cutaneous 피부	Gastrointestinal 위장관	Resporatory 호흡기	Other symptoms 전신적
두드러기	구토	천식	아나필락시스 (Anaphylactic shock)
아토피 피부염	설사	비염	후두 수종
혈관부종	복통		저혈압
소양성 피부염	두통		

특정 음식을 섭취하거나 접촉할 때마다 반복되고 식품의 양과는 관계없이 아주 극소량으로도 생명을 위협할 수 있고 피부, 소화기, 호흡기, 순환기 등 다양한 기관에서 증상이 나타난다. 특히 아나필락시스, 혈관부종, 혈압저하, 천식 발작 등은 즉각적인 응급처치가 없으면 생명에 위협을 줄 수 있다.

※ 아나필락시스 : 갑자기 발생하는 심각한 알레르기 반응으로, 호흡이 어렵고 어지럽고 의식을 잃게 됨

3) 정확한 알레르기 진단

식품 알레르기는 한 환자가 여러 가지 식품에 반응하는 경우가 많아 영양불량의 위험성이 높다. 정확한 식품 알레르기 진단을 받지 않고 알레르기 발생이 높다는 식품을 임의로 제한하면 위험하다. 특히 12개월 이하의 영아들은 단기간의 영양부족에도 임상적인 증상이 나타날 수 있다는 것을 꼭 기억해야 한다. 무분별하게 식품을 제한하거나 이유식을 제대로 공급하지 않으면 빈혈이나 구루병 등이 생길 수 있다. 따라서 알레르기 전문의의 정확한 진단 후 제한이 필요한 식품만 제한하도록 한다.

2. 식품 알레르기 표시

식약처는 알레르기 유발식품으로 21종(이 중 1종은 식품첨가물)을 지정했다. 난류(가금류에 한함) · 우유 · 메밀 · 땅콩 · 대두 · 밀 · 고등어 · 게 · 새우 · 돼지고기 · 복숭아 · 토마토 · 아황산류(이를 첨가해 최종제품에 이산화황으로 10mg/kg 이상 함유) · 호두 · 닭고기 · 소고기 · 오징어 · 조개류(굴 · 전복 · 홍합 포함) 등이다.

이 21가지가 식품 제조과정에서 재료로 쓰인 경우 함유된 양과 관계없이 원재료명을 반드시 제품 포장지에 표시해야 한다. 알레르기 표시대상 원재료가 포함된 식품은 제품 포장지에 기존의 원재료명과 별도로 알레르기 표시란을 두게 돼 있다. 소비자가 이 표시를 보고 자신에게 알레르기를 유발하는 식품을 피할 수 있도록 하기 위해서다. 자신이나 가족 중에 식품 알레르기가 있다면 제품 구입 전에 제품 뒷면의 라벨을 꼼꼼히 읽어봐야 한다. 학교 급식에 이런 식품이 포함되면 식단표에 표시해 학생에게 사전에 알리도록 되어 있다.

1. 한국인에게 알레르기를 유발하는 것으로 알려진 알레르기 유발물질은 함유된 양과 관계없이 원재료명을 표시해야 하며, 표시대상과 표시방법은 다음과 같다.

(1) 표시대상

(가) 난류(가금류에 한한다), 우유, 메밀, 땅콩, 대두, 밀, 고등어, 게, 새우, 돼지고기, 복숭아, 토마토, 아황산류(이를 첨가하여 최종제품에 SO_2로 10mg/kg 이상 함유한 경우에 한함), 호두, 닭고기, 쇠고기, 오징어, 조개류(굴, 전복, 홍합 포함)를 함유한 원재료를 사용한 경우

(나) (가)의 식품으로부터 추출 등의 방법으로 얻은 성분 (다) (가) 및 (나)를 함유한 식품 또는 식품첨가물을 원료로 사용한 경우

(2) 표시방법

(가) 원재료명 표시란 근처에 바탕색과 구분되도록 별도의 알레르기 표시란을 마련하여 알레르기 표시대상 원재료명을 표시하여야 한다.

(예시) 밀, 대두 함유

2. 알레르기 유발성분을 사용하는 제품과 사용하지 않은 제품을 같은 제조과정(작업자, 기구, 제조라인, 원료보관 등 모든 과정)을 통하여 생산하게 될 경우 불가피하게 혼입 가능성이 있다는 내용의 표시를 해야 한다. 다만, 제품의 해당 원재료로서 사용된 알레르기 유발 성분명은 표시하지 않는다.

(예시) "이 제품은 메밀을 사용한 제품과 같은 제조시설에서 제조하고 있습니다" 등의 표시

- **이 제품은 난류(계란), 메밀, 우유, 게, 새우, 돼지고기, 토마토, 고등어, 복숭아, 땅콩을 사용한 제품과 같은 제조시설에서 제조하고 있습니다.**
- 본 제품은 소비자분쟁해결기준에 의거, 교환 또는 보상받을 수 있습니다.

출처 : 식품위생법 제10조(표시기준), 「식품등의 표시기준」

1. 메뉴판 표시 예시

불고기버거
3400원
1 / 6 / 12 / 16

체크리스트					
1	난류	2	우유	3	메밀
4	땅콩	5	대두	6	밀
7	고등어	8	게	9	새우
10	돼지고기	11	복숭아	12	토마토
13	아황산류	14	호두	15	닭고기
16	쇠고기	17	오징어	18	조개류

햄버거
- 새우버거 1 / 6 / 9
- 불고기버거 1 / 6 / 12 / 16
- 치킨버거 1 / 5 / 6 / 15
- 치즈버거 1 / 2 / 5 / 6 / 12

1. 난류 2. 우유 3. 메밀 4. 땅콩 5. 대두 6. 밀 7. 고등어 8. 게 9. 새우 10. 돼지고기 11. 복숭아 12. 토마토 13. 아황산류 14. 호두 15. 닭고기 16. 쇠고기 17. 오징어 18. 조개류

2. 진열표지판 표시 예시

샌드위치

Name of Dishes .... 17$
Name of Dishes .... 22$
Name of Dishes .... 14$

TIP!
샌드위치는 알레르기를 유발시킬 수도 있는 물질인 호밀식빵(밀), 소불고기(소고기), 소불고기양념(대두, 밀), 마요네즈(계란)가 포함되어 있으니 확인하시기 바랍니다.

샌드위치
* 함유된 알레르기 유발물질
호밀식빵(밀), 소불고기(소고기),
소불고기양념(대두, 밀), 마요네즈(계란)

3. 메뉴북 표시 예시

알레르기 유발물질을 확인하세요!
돼지고기 굴소스(굴)
간장(대두) 생면(밀)

짜장면 4000원

짜장면
* 함유된 알레르기 유발물질
돼지고기, 간장(대두), 굴소스(굴), 생면(밀)

그림 1-25 알레르기 유발물질 표시방법(식품접객업소 조리식품)

1) 식품 알레르기 표시 확인방법

알레르기 유발물질은 알레르기를 유발하는 식품이라는 뜻이 아니다!

특정 식품에 대해 두드러기, 가려움 등의 이상 과민반응을 보이는 사람들에게만 해당된다. 해당식품에 대한 알레르기가 없다면, 안심하고 먹어도 된다.

식품 알레르기 표시 확인의 예

식약처에서 고시된 알레르기 의무표시제로 우유, 대두 등 21가지 원재료가 포함되는 경우 테두리 등으로 구분한 별도의 알레르기 표시란에 알레르기 유발물질이 표시되어 있습니다.(2017년 모든 가공식품 의무적용)

식품의 유형 : 과자(유처리 제품)
원재료명 : 밀가루(수입산), 백설탕, 가공유지(팜부분경화유-말레이시아산), 코코아매스,
전지분유, 합성착향료(바닐라향) 밀, 대두 우유 함유
유통기한 : 후면표기일까지(연,월,일)-내표장재잘 : 폴리프로필렌
이 제품은 계란을 사용한 제품과 같은 제조시설에서 제조하였습니다.
직사광선 및 습기를 피해 진열하시고, 유통 중 변질품은 구입상점 및 본사에서 항상 교환해 드립니다.

같은 제조시설에서 알레르기를 유발시킬 수 있는 제품이 생산되었음을 알리는 정보로 소비자에게 알레르기 교차반응이 일어날 수 있다는 것을 의미합니다.

• 영업자 유의사항 | 식품 알레르기 관리요령

(1) 표시사항 관리

알레르기 유발물질이 포함되는 식품의 경우 함유된 양과 관계없이 정확하게 표시해야 한다. 식품접객업소는 알레르기 유발물질 표시에 대한 법적 의무는 없지만, 고객에 대한 서비스로써 정보 제공을 권장한다.

(2) 대체식품 제시

소비자가 요구하는 경우 대체식품을 활용하는 것도 좋은 방법이다. 대체식품을 제시함에 있어서의 원칙은 대체식품이 영양적으로 대체 가능해야 한다.

(3) 교차오염 방지

해당 식품에 알레르기 유발물질이 직접적으로 들어가지 않더라도 같은 제조시설 내에서 다른 식품에 알레르기 유발물질이 사용되어 사용하는 기구, 작업자 등에 의해 혼입 가능성이 있기 때문에, 이를 방지하기 위해 칼, 도마 등을 구분 사용하고, 세척 · 소독을 더욱 철저하게 해야 한다.

(4) 원료 관리

해당 식품에 알레르기 유발물질이 원료로 쓰이는지와 더불어, 가공식품을 원료로 사용하는 경우에도 가공식품에 알레르기 유발물질이 포함되었는지 확인해야 한다.

2) 식품 알레르기 유발물질 식품별 정보

계란	계란 알레르기도 주로 유아에서 발견된다. 흰자·노른자 모두 알레르기를 일으킬 수 있다. 대개 아기가 처음 계란을 먹은 뒤 알레르기 반응을 일으킨다. 증상은 얼굴이 붉어지거나 입술·얼굴이 붓는 것이다. 심하면 목이 붓 고 쌕쌕 소리를 낸다. 계란 알레르기 환자는 계란이나 계란 함유식품을 만지기만 해도 피부 증상이 나타날 수 있다. 만 5세 이하이거나 가족력이 있거나 아토피성 피부염을 앓는 아이가 계란 알레르기를 일으키기 쉽다.
대두	아동에게서 알레르기를 일으키는 흔한 식품 중 하나로 대부분의 대두(콩) 알레르기는 알레르기 반응이 그리 위협적이거나 생명을 위협하는 수준이 아니기 때문에 심각하지 않다. 대두 알레르기는 아나필락시스와 같은 심각한 작용은 드물지만, 천식 또는 땅콩과 같은 식품에 알레르기가 있는 사람들에게서 발생될 확률이 높다.
밀	밀속의 하나 혹은 그 이상의 단백질과 반응하여 특이 항체를 만들어내는 비정상적인 면역체계로 아동들에게서 빈번하게 발생한다. 밀 알레르기는 두드러기, 호흡곤란, 메스꺼움과 같은 다양한 증상을 보인다. 밀을 제한하는 것이 1차 치료법이며, 우연히 밀을 먹어 알레르기 반응이 일어나면 약물요법으로 치료해야 한다.

우유	아동에게서 흔히 발생하는 식품 알레르기로 유아의 약 2%가 우유 알레르기를 보인다. 장이 성인보다 미숙해 알레르기 유발성분에 더 민감하게 반응해서다. 우유가 일반적인 알레르기의 원인이지만, 우유 섭취 후 수분에서 수시간 사이에 발생한다. 징후 및 증상은 경미한 것부터 심각한 것까지 있는데 숨을 헐떡이거나 구토, 두드러기와 소화기관 이상이 포함된다. 우유 알레르기는 좀처럼 아나필락시스가 일어나지는 않지만, 심각하게는 생명을 위협할 수 있다. 다행히 대부분의 아동들은 3세쯤이면 우유 알레르기에서 벗어난다. 최상의 우유 알레르기 예방법은 돌까지 모유를 먹이는 것이다. 알레르기를 일으키는 단백질을 가수분해한 우유를 먹이는 것도 방법이다. 우유 알레르기를 보이는 아이라면 우유 대신 산양유·염소젖을 먹이는 것도 피해야 한다. 우유에 민감한 아이는 대개 산양유·염소젖에도 예민하게 반응하기 때문이다. 우유 알레르기는 2~4세가 되면 대부분 자연치유된다. 유제품인 치즈에도 알레르기 유발성분이 들어 있다. 티라민이다. 일부 예민한 사람은 치즈를 먹은 뒤 편두통을 일으킨다.
메밀	메밀을 한번도 섭취해 본 적이 없는데도 메밀 베개 사용으로 메밀 알레르기가 생기는 경우도 있으며 메밀이 포함된 보습제도 있으니 사용에 주의해야 한다. 다른 식품에 비하여 천식, 아나필락시스 등 심각한 증상의 위험이 높은 것으로 알려져 있어 메밀 알레르기의 10%는 아나필락시스의 증상을 보인다는 연구 결과도 있다.
땅콩과 호두	유아기 이후에 흔하게 나타나지만 성장함에 따라 대부분 없어지는 우유, 계란 알레르기와는 달리 없어지지 않는다. 이 알레르기 작용은 경미한 것부터 아나필락시스처럼 생명을 위협할 수도 있다. 아주 미미한 반응일지라도 훗날 심각한 작용을 일으킬 수 있기 때문에 땅콩에 대한 알레르기 반응을 갖는다면 그것이 경미한 반응일지라도 의사에게 문의해야 한다.
고등어, 게, 새우, 오징어, 조개류	고등어, 게, 새우, 오징어, 조개류 알레르기는 주로 두드러기, 코막힘, 입가려움 등 경미한 증상을 일으키지만 심할 경우 아주 적은 양에도 생명을 위협하는 증상을 동반할 수 있다. 외국의 경우 해산물에 의한 알레르기 환자 중 40%는 성인이 되어 처음으로 증상이 나타났다고 하며 생선 등 해산물 알레르기는 잘 없어지지 않고 평생 지속되는 경우가 많다.
복숭아 및 토마토	과일이나 채소 알레르기의 증상은 주로 두드러기와 구강 알레르기 증후군이지만 구토와 복통, 아토피 피부염의 악화, 천식과 호흡 곤란을 유발하는 경우도 있다.
돼지고기, 소고기, 닭고기	돼지고기, 소고기, 닭고기 알레르기는 흔히 나타나지는 않는다. 그러나 돼지고기, 소고기, 닭고기를 전부 제한하는 경우 철(고기 속에 함유된 철분) 섭취량이나 철 흡수의 저하에 따른 빈혈의 예방을 고려해야 하고 철분을 많이 함유하는 식품을 대체 섭취해야 한다.

3. 식품 알레르기 예방법

현재 식품 알레르기의 치료방법은 없으며, 이를 예방하는 유일한 방법은 해당 식품을 섭취하지 않는 것이다. 판매자는 알레르기 유발식품을 사용한 제품은 함유사실을 표시해야 하고 소비자가 쉽게 이해할 수 있는 용어로 표기해야 한다. 또한, 소비자도 식품 선택 시 표시사항을 철저히 확인해야 하고 음식을 먹은 직후 식품 알레르기의 징후를 보이면 의사나 알레르기 전문의의 진찰 및 상담을 받도록 하며, 아나필락시스의 심각한 증상이 나타나면 응급실을 찾아가 응급처치를 받도록 한다.

1) 식품 알레르기 관리방법

식품을 제한함에 있어 전제되어야 할 것은 전문가에 의한 과학적인 진단이다. 알레르기 발생이 높은 식품이라 하여 진단의 근거 없이 제한해서는 안 된다. 알레르기 발생이 높다고 보고된 식품의 대부분이 어린이가 흔히 먹는 식품이고 영양적으로 우수한 식품이기 때문에 잘못 제한하였을 경우 영양불량의 위험이 있고 식품 제한으로 오는 스트레스가 증가되기 때문에 올바른 판단과 각별한 주의가 필요하다.

식품 알레르기 유발 식품별 대체식품		
우유	⇒	두유
콩		김, 미역, 멸치
밀		감자, 쌀
달걀		두부, 콩나물
돼지고기		쇠고기, 흰살생선
생선		두부, 달걀, 쇠고기, 닭고기

2) 식품 알레르기 대처법

① 자신이 어떤 식품에 민감한지 사전 검사

② 자신에게 알레르기 유발하는 식품 회피

③ 식품 라벨 꼼꼼하게 확인, 자신에게 알레르기 유발하는 식품 포함 여부 확인

④ 외식할 때 자신에게 알레르기 일으키는 식품 '빼달라'고 주문

⑤ 학교 급식 등에서 자신에게 알레르기 유발하는 식품 포함돼 있는지 확인

⑥ 가급적 가공 · 첨가되지 않은 천연 신선식품 섭취

⑦ 알레르기 유발식품이 콩 · 우유 등 웰빙식품이면 회피로 인해 영양이 부족해지지 않도록 주의

⑧ 유기농 · 천연식품도 식품 알레르기를 유발할 수 있다는 사실 기억

⑨ 두드러기 등 가벼운 알레르기 증상에 그친다면 일단 안심

⑩ 두드러기가 잘 가라앉지 않으면 피부 진정용 크림을 바르거나 항(抗)히스타민제 복용

3) 식품 알레르기의 오해와 진실

Q. 특정 식품에 알레르기가 있다면 그 식품은 무조건 먹지 말아야 할까?

A. 만약 해당 식품을 식단에서 배제시키게 되면 주요 영양소를 섭취하지 못할 가능성이 크다. 따라서 자신이 지레짐작하여 판단하지 말고 의사를 만나 정확한 진단을 받아야 한다.

Q. 시간이 흐르면 특정 식품 알레르기에서 벗어날 수 있을까?

A. 대부분의 어린이들은 만 5세경에 계란, 우유, 호두, 밀, 땅콩 등에 대한 알레르기에서 벗어날 수 있다. 이는 소화기능이 강화되고 해당 식품 성분에 대한 면역체계가 변화하기 때문이다. 그러나 성인들의 땅콩, 고등어, 게, 새우, 호두 등에 대한 알레르기 반응은 시간이 흘러도 거의 사라지지 않는다고 한다.

Q. 모든 식품에서 알레르기 반응이 나타날 수 있을까?

A. 이론상으로는 맞지만 영국의 경우 식품 알레르기 원인의 90%는 매우 소수의 식품에 한정되어 있다. 즉 밀, 새우, 게, 돼지고기, 복숭아, 계란, 호두, 땅콩 등이다.

Q. 알레르기 반응은 즉각적으로 나타나는가?

A. 알레르기 반응은 즉각적으로 생기기도 하고 수 시간 후에 나타나 대인관계에 지장을 주기도 한다. 반응의 강도 또한 달라 어떤 경우에는 약하게 나타난다.

Q. 식품 알레르기는 치명적일 수 있다?

A. 경우에 따라 과민성 쇼크를 유발할 수 있다. 이때 아드레날린을 주사하는 등 즉각 처치하지 않으면 생명을 잃을 수 있다고 한다.

Q. 과일과 채소에도 알레르기 반응이 있다?

A. 건초열증이 있거나 꽃가루에 민감한 사람, 또는 라텍스에 민감한 사람은 복숭아, 토마토 등에 대한 알레르기 반응이 나타날 수 있는데, 이 경우 대부분 재채기, 입 주위 또는 입술의 가려움증을 유발한다.

Q. 함유량이 매우 미량인 식품도 표시할 필요가 있다?

A. 식품 알레르기는 민감한 사람에게는 극히 미량의 알레르기 물질에 의해서도 발병하는 경우가 있다. 따라서 알레르기 물질을 함유한 식품은 그 함유량이 미량임에도 불구하고 해당 원재료를 함유한 사실을 표시할 필요가 있다.

2부

영양관리를 위한 생애주기별 식생활지침

1장

영유아를 위한 식생활지침

영유아를 위한 식생활지침

생후 6개월까지는 반드시 모유를 먹이자

① 초유는 꼭 먹이도록 합니다.

② 생후 1년까지 모유를 먹이면 더욱 좋습니다.

③ 모유를 먹일 수 없는 경우에만 조제유를 먹입니다.

④ 조제유는 정해진 양대로 물에 타서 먹입니다.

⑤ 수유 시에는 아기를 안고 먹이며 수유 후에는 꼭 트림을 시킵니다.

⑥ 자는 동안에는 젖병을 물리지 않습니다.

이유 보충식은 성장단계에 맞추어 먹이자

① 이유 보충식은 생후 만 4개월 이후 6개월 사이에 시작합니다.

② 이유 보충식은 여러 식품을 섞지 말고 한 가지씩 시작합니다.

③ 이유 보충식은 신선한 재료를 사용하여 간을 하지 않고 조리해서 먹입니다.

④ 이유 보충식은 숟가락으로 떠먹입니다.

⑤ 과일주스를 먹일 때는 컵에 담아 먹입니다.

유아의 성장과 식욕에 따라 알맞게 먹이자

① 일정한 장소에서 먹입니다.

② 쫓아다니며 억지로 먹이지 않습니다.

③ 한꺼번에 많이 먹이지 않습니다.

곡류, 과일, 채소, 생선, 고기, 유제품 등 다양한 식품을 먹이자

① 과일, 채소, 우유 및 유제품 등의 간식을 매일 2~3회 규칙적으로 먹입니다.

② 유아 음식은 싱겁고 담백하게 조리합니다.

③ 유아 음식은 씹을 수 있는 크기와 형태로 조리합니다.

Chapter 01 영유아를 위한 식생활지침

01 영양문제

1. 식품 알레르기

1) 식품 알레르기란

인간이 보유하고 있는 단백질과 다른 종류의 단백질이 유입되면 신체조직에서 과민반응이 일어나 천식, 알레르기성 비염, 아토피 피부염 또는 위장관 알레르기가 유발되기도 한다.

특히 영아기에는 소화기관이 미성숙하므로 분자량이 큰 단백질식품을 섭취하면 신체에서 이종단백질로 인식하여 알레르기 반응이 유발되기도 한다.

2) 원인

- 알레르기의 원인이 되는 식품 섭취
- 수유부가 섭취한 식품성분이 모유로 분비되어 전이
- 이유식을 지나치게 빨리 시작하는 경우
- 가족 중에 식품 알레르기가 있는 경우

3) 증상

- 위장관 증상 : 구토, 복통, 설사, 변비
- 피부 증상 : 두드러기, 아토피 피부염, 피부 발진
- 호흡기 증상 : 천식과 비염, 심한 경우 쇼크증상까지 나타날 수 있음

4) 영양관리 원칙

① 모유 수유

모유는 우선 이종단백질이 아니고 알레르기 반응을 억제하는 분비형 IgA가 많이 함유되어 있으므로 모유를 먹고 자란 아기는 알레르기를 일으키는 경우가 드물다.

② 분유를 먹이는 경우

일부 영아들은 알레르기 반응을 나타내기도 한다. 이 경우에 두유 조제유를 먹여보고 그래도 증세가 없어지지 않으면 단백질 가수분해물 조제유로 바꾸어 먹이도록 한다.

③ 알레르기의 원인식품을 찾아내어 섭취를 제한하고 같은 영양소를 공급받을 수 있는 다른 식품으로 대체하도록 한다.

④ 식품을 위생적으로 다루며 신선한 재료를 사용하도록 한다.

5) 식품 알레르기 유발식품

구분	식품의 예
곡류	메밀, 밀(빵, 과자, 국수)
두류	대두(두유, 두부)
과일	복숭아, 귤, 오렌지
채소	토마토
육류, 난류	돼지고기, 닭고기, 달걀(마요네즈, 케이크)
우유류	우유(요구르트, 아이스크림, 치즈, 분유)
어류, 갑각류, 패류	등푸른생선(고등어), 게, 조개, 새우
견과류	땅콩, 호두

출처 : 영유아영양, 식품 알레르기 유발 식품, 교문사

2. 설사

영유아는 어른에 비해 설사가 자주 일어날 수 있다. 일반적으로 설사증상은 지속기간 2주를 기준으로 급성과 만성으로 구분하고 있다.

1) 설사의 원인

- 장점막에서 정상적인 수분과 전해질 또는 영양소의 흡수가 제대로 이루어지지 않을 때
- 장운동이 지나치게 활발할 때
- 장관 내 삼투압을 높이는 물질이 많이 남아 있을 때
- 바이러스, 세균, 독성물질이 원인이 됨
- 수분 또는 탄수화물의 과다 섭취
- 식품 알레르기

2) 급성설사

① 원인

대부분 바이러스나 세균에 의한 감염성 장염, 식품 알레르기와 항생제 등의 약물복용, 과식, 심리적 문제에 의해 발생

② 영양공급과 대처방안

- 증상이 심하거나 유당불내증이 의심되면 쌀미음 또는 설사 조제유를 초기 며칠간 사용
- 우유 알레르기가 의심되거나 위험성이 있을 경우 쌀미음으로 시작하고 호전되면 모유 또는 저알레르기 조제유를 사용
- 수유 횟수와 양을 줄이거나 묽게 먹여봄
- 탈수를 방지하기 위해 엷은 포도당액, 보리차, 끓인 물을 계속해서 조금만 먹임
- 주스와 젖산음료는 장내에서 발효를 일으켜 설사를 악화시키므로 제한함
- 설사가 멎은 후에는 모유 수유의 경우 젖을 주기 전에 먼저 물을 몇 수저 먹인 뒤 젖을 빨게 함
- 분유 수유의 경우 처음에는 조제유의 농도를 1/4로 희석하여 먹임
- 경과에 따라 점차 농도를 늘려주면서 본래의 농도로 회복시킴

3) 만성설사

① 원인

- 우유가 가장 흔한 원인
- 유당불내증이라든가 결핵, 기생충과 같은 만성 감염에 의한 경우가 많음
- 잘못된 영양공급 수단과 영양실조의 경우
- 대사장애, 위장관 기형 및 운동장애

② 영양공급과 대처방안

- 전문의와의 상담을 통해 원인을 규명하고 이에 대한 치료가 필요함
- 소화흡수장애를 동반하여 영양소 공급에 많은 제한을 받게 되므로 성장발육이 지연됨
- 원인에 따른 적절한 영양처방이 필요
- 영양공급이 제대로 진행되고 있는지를 평가 : 식품일지와 성장곡선 작성, 성장과 영양에 관한 평가를 함께 진행

3. 편식

유난히 먹는 것을 가리는 유아가 있다. 편식을 하게 되면 식사내용이 늘 영양적으로 불균형하게 되므로 발육이나 영양상태가 뒤떨어지게 되거나 과잉되어 결국 몸이 허약해지거나 면역력이 떨어지게 되고 비만의 원인이 되기도 한다.

1) 원인

- 먹어본 경험이 없는 식품인 경우
- 부모들에게 편식습관이 있는 경우
- 어떤 식품을 강제로 먹이려는 경우
- 어떤 음식을 먹고 구토나 설사 같은 불쾌한 경험을 했을 경우
- 과잉보호하는 유아의 경우
- 이유식을 늦게 시작하거나 이유단계를 제대로 밟지 않았을 경우

2) 편식 교정방법

- 편식식품은 처음에 양을 적게 하여 맛을 경험하게 한 후 점차 양을 늘린다.
- 유아가 좋아하는 조리방법으로 바꾸어 조리해서 먹여본다.
- 부모의 편식습관을 먼저 고친다.
- 조리하는 과정에 유아를 함께 참여시켜 본다.
- 좋아하는 친구들과 함께 즐겁게 먹을 수 있는 환경을 조성해 본다.
- 식품을 골고루 섭취해야 하는 이유를 아이에게 설명해 준다.
- 싫어하는 음식을 먹도록 무조건 강요하지 않는다. 간혹 그 음식을 먹으면 칭찬하여 보상하는 것도 편식을 고칠 수 있는 좋은 방법이다.

3) 조리법의 변화를 통한 편식교정

① 고기를 싫어할 때

고기를 골라낼 수 없도록 다른 식품과 섞어서 조리한다. 고기냄새를 싫어한다면 아이가 좋아할 만한 소스를 만들어 끼얹어 먹이도록 한다.

② 생선을 싫어할 때

다져서 다른 식품과 섞어서 조리하거나 카레가루 같은 향신료와 섞어서 조리하도록 한다.

③ 채소를 싫어할 때

채소를 골라내지 못하도록 다져서 좋아하는 식품과 섞어 조리하거나 볶음밥, 김밥, 주먹밥, 카레라이스 등과 같이 아이가 좋아하는 음식에 골고루 섞어서 주도록 한다.

④ 우유를 싫어할 때

달걀과 우유를 섞어 프렌치토스트나 스크램블드에그를 해서 주거나 각종 과일, 떠먹는 요구르트와 적당량 섞어서 얼려주어도 좋다. 또는 코코아 가루 등을 타서 주기도 한다.

⑤ 밥을 싫어할 때

일단 먹기 좋게 식혀서 주고, 볶음밥, 김밥, 주먹밥 등으로 아이가 좋아하는 다른 식품과 혼합된 형태로 변화를 주거나 예쁜 모양 틀에 찍어서 주어 아이가 먹는 것에 흥미를 느낄 수 있도록 하면 좋다.

4. 유아비만

일반적으로 영유아의 성장 평가에 있어서는 성별, 연령별 집단의 신장과 체중의 분포로 나타낸 백분위수를 이용하여 현재 상태와 성장 방향을 예측하고 바람직한 방향으로 성장을 유도하는 것이 좋다. 동일 집단에 비교하여 95백분위수 이상일 때 비만이라고 할 수 있다. 비만도도 흔히 사용하는데 다음 계산식으로 20% 이상일 때를 비만, 30% 이상일 때를 고도비만이라고 한다.

1) 비만도 공식

$$\text{비만도} = \frac{\text{실제 체중} - \text{신장별 이상 체중}}{\text{신장별 이상 체중}} \times 100$$

2) 평가 척도

- 10% 이하 : 체중미달
- 10% : 정상체중
- +10~20% : 과체중, 비만경향
- +20% 이상 : 비만

- 유아비만은 성인비만으로 이행될 확률이 높으므로 주의해야 한다.
- 유아기는 지방세포의 수가 증가하는 시기로 유아비만의 경우 지방세포의 크기가 커질 뿐만 아니라 지방세포의 수도 증가되는 비만이므로 에너지 제한만으로 정상체중으로 돌아가기가 매우 어렵다.
- 유아비만아의 경우 과식, 폭식, 패스트푸드와 가공식품의 다량 섭취, 아침 결식, 지나친 간식, 짜게 먹는 식습관 등을 고치고, 되도록 신체활동량을 늘려서 식품 섭취와 에너지 소비의 불균형을 개선해 나가는 것이 무엇보다 중요하다.
- 비만을 걱정하여 평소 저칼로리 식사만의 식이요법을 지나치게 강조할 경우 유아의 성장을 방해할 수도 있으니 주의해야 한다.

2장

어린이를 위한 식생활지침

어린이를 위한 식생활지침

음식은 다양하게 골고루

① 편식하지 않고 골고루 먹습니다.

② 끼니마다 다양한 채소 반찬을 먹습니다.

③ 생선, 살코기, 콩제품, 달걀 등 단백질 식품을 매일 한 번 이상 먹습니다.

④ 우유를 매일 두 컵 정도 마십니다.

많이 움직이고, 먹는 양은 알맞게

① 매일 한 시간 이상 적극적으로 신체활동을 합니다.

② 나이에 맞는 키와 몸무게를 알아서, 표준체형을 유지합니다.

③ TV시청과 컴퓨터게임을 모두 합해서 하루에 두 시간 이내로 제한합니다.

④ 식사와 간식은 적당한 양을 규칙적으로 먹습니다.

식사는 제때에, 싱겁게

① 아침식사는 꼭 합니다.

② 음식은 천천히 꼭꼭 씹어 먹습니다.

③ 짠 음식, 단 음식, 기름진 음식을 적게 먹습니다.

간식은 안전하고, 슬기롭게

① 간식으로는 신선한 과일과 우유 등을 먹습니다.

② 과자나 탄산음료 · 패스트푸드를 자주 먹지 않습니다.

③ 불량식품을 구별할 줄 알고 먹지 않으려고 노력합니다.

④ 식품의 영양표시와 유통기한을 확인하고 선택합니다.

식사는 가족과 함께 예의바르게

① 가족과 함께 식사하도록 노력합니다.

② 음식을 먹기 전에 반드시 손을 씻습니다.

③ 음식은 바른 자세로 앉아서 감사한 마음으로 먹습니다.

④ 음식은 먹을 만큼 담아서 먹고 남기지 않습니다.

Chapter 02 어린이를 위한 식생활지침

01 골고루 먹기

우리 몸에 필요한 영양소들은 여러 식품에 골고루 들어 있다. 그래서 골고루 먹는 습관은 어릴 적부터 가져야 한다. 건강한 내 모습을 위해 골고루, 그리고 양은 알맞게 먹는다.

1) 영양소를 골고루 먹으려면 어떻게 해야 할까

식품구성자전거는 우리가 매일 먹어야 할 6가지 식품군에 대해 알려준다. 자전거 바퀴 안의 각 면적은 우리가 먹어야 하는 양을 나타낸다. 곡류는 면적이 크므로 양적으로 많이 먹고, 유지 · 당류는 면적이 제일 작으므로 제일 적게 먹어야 한다. 앞바퀴에 있는 물은 충분히 마신다.

그림 2-1 어린이용 식품구성자전거

2) 식품구성자전거를 자세히 살펴보자

(1) 곡류

	곡류는 우리가 활동하는 데 필요한 에너지를 만듭니다. 곡류에 많은 탄수화물은 우리의 뇌가 활발하게 활동할 수 있도록 도와줍니다.

- 흰밥, 흰빵보다 잡곡밥, 통밀빵을 먹어요.
- 간식으로 감자, 고구마, 떡을 먹어요.

(2) 고기 · 생선 · 달걀 · 콩류

	고기 · 생선 · 달걀 · 콩류는 우리 몸을 구성하는 단백질이 풍부한 식품입니다.

- 고등어, 꽁치구이 등 생선, 기름기가 적은 고기 반찬을 먹어요.
- 콩밥, 두부부침, 비지 등 콩으로 만든 음식을 먹어요.
- 샐러드에 두부를 넣어 먹어요.

(3) 채소 · 과일류

	채소 · 과일류에는 비타민 A, 비타민 C 등의 비타민과 식이섬유가 풍부합니다. 식이섬유는 장운동을 도와서 변비를 예방합니다. 녹색 채소에는 칼슘도 많습니다.

- 당근, 시금치, 양파, 호박 등 다양한 채소를 먹어요.
- 식사할 때 나물, 채소볶음 등 채소반찬을 먹어요.
- 샐러드에 양배추, 오이, 셀러리 등 채소를 넣어요.
- 고기 먹을 때 상추, 깻잎 등 채소를 곁들여요.
- 딸기, 복숭아, 포도 등 과일에 떠먹는 요구르트를 넣어 먹어요.
- 100% 과즙주스로 골라 마셔요.

(4) 우유 · 유제품류

우유 · 유제품류에는 칼슘과 단백질이 많이 들어 있습니다. 칼슘은 우리 몸의 뼈와 치아를 만드는 중요한 영양소입니다.

- 간식으로 우유, 떠먹는 요구르트, 치즈를 먹어요.
- 시리얼에 우유를 넣어 먹어요.

(5) 유지 · 당류

유지 · 당류는 에너지를 냅니다. 유지 중 필수지방산은 성장과 두뇌 활동에 도움이 됩니다. 그러나 유지 · 당류의 식품은 칼로리가 높아서 많이 먹으면 비만이 되기 쉽습니다.

- 고기 반찬에서 기름을 떼어내고 먹어요.
- 버터 같은 동물성 지방보다 올리브유 등 식물성 기름을 이용한 음식을 즐겨요.
- 사탕, 초콜릿, 단 과자, 단 음료 등 당류가 많은 식품을 적게 먹어요.

(6) 물

물은 우리 몸에서 영양소를 잘 사용하게 운반해 줍니다. 몸속의 노폐물을 소변으로 배출하는 역할도 합니다.

- 집, 학교에서 음료수로 물을 자주 마셔요.
- 탄산음료나 스포츠음료보다 물을 마셔요.
- 보리차, 녹차 등 다양하게 마셔요.

3) 초등학생 하루 식사의 예

(1) 초등학생 : 남자

(2) 초등학생 : 여자

● 곡류 1인 1회 분량	● 고기 · 생선 · 달걀 · 콩류 1인 1회분량
● 채소류 1인 1회 분량	● 과일류 1인 1회 분량
● 우유 · 유제품류 1인 1회 분량	● 유지 · 당류 1인 1회 분량

02 똑똑하게 먹기

어린 친구들은 매일 간식을 먹는다. 어떤 간식이 우리 몸에 좋은 간식인지 알아보자.

1) 간식은 언제 얼마만큼 먹을까

- 간식은 하루에 2번 정도 먹는 것이 좋다.
- 간식량은 하루에 필요한 에너지 양의 10~15% 정도가 적당하다.
- 하루에 1,800kcal 섭취하면 간식으로 180~270kcal 정도 먹는다.

2) 간식을 현명하게

(1) 달거나 짠 간식, 에너지가 높은 간식을 줄인다

- 사탕, 초콜릿처럼 단 식품, 감자칩, 비스킷, 팝콘처럼 짠 식품은 좀 줄인다.
- 이런 식품은 에너지 함량도 높아서 자주 먹으면 비만이 되기 쉽다.

(2) 채소와 과일, 우유를 매일 먹는다

- 사과, 배, 딸기, 포도 등 생과일을 먹는다.
- 믹서에 우유, 딸기, 바나나 등 과일을 넣고 갈아서 마신다.
- 샌드위치 재료로 오이, 당근, 양파 등 채소를 이용한다.
- 찐 감자, 찐 고구마, 삶은 옥수수를 우유와 함께 먹는다.

(3) 간식을 먹은 후에는 꼭 이를 닦는다

- 간식을 먹은 후에 꼭 이를 닦아야 충치가 생기지 않는다.

3) 고열량 · 저영양 식품을 피하자

- 고열량 · 저영양 식품은 열량이나 포화지방, 당류의 양이 많고 단백질 양은 적다.
- 과자, 사탕, 빙과류, 빵, 초콜릿류, 음료 중 탄산음료, 유산균음료 등에서 1회 제공량당 열량 250kcal, 포화지방 4g, 당류 17g 중 어느 하나라도 그 양을 넘고 단백질이 2g을 넘지 않으면 고열량 · 저영양식품이다.
- 1회 제공량당 열량 500kcal나 포화지방 8g, 또는 당류 34g을 초과하는 제품은 단백질이 2g을 넘어도 고열량 · 저영양 식품이다.

어린이기호식품 품질인증제품

○ 스마일마크(어린이기호식품 품질인증제품)가 부착된 식품은 고열량 · 저영양식품이 아니므로 안심하고 구매해도 좋다.
  - 스마일마크 부착 식품은 안전기준, 영양기준, 식품첨가물 사용기준에 적합한 어린이 기호식품에 해당된다.

○ 또한 스마트폰 애플리케이션(NEW 고열량 · 저영양 알림-e)을 이용하면 고열량 · 저영양식품 여부를 제품 바코드 스캔만으로 손쉽게 확인할 수 있다.

---

4) 영양표시

(1) 영양표시는 무엇인가

- 영양표시는 식품 포장지에서 확인할 수 있다.
- 과자, 빵, 음료수, 면류 등 가공식품에 있는 영양소의 종류와 양을 알려준다.
- 영양표시를 꼭 확인해야 간식을 현명하게 선택할 수 있다.

(2) 영양표시에는 어떤 영양성분이 표시되나

• 열량, 탄수화물, 당류, 단백질, 지방, 포화지방, 트랜스지방, 콜레스테롤, 나트륨 등 다양한 영양소를 표기한다.

5) 영양표시 확인하기

- 1단계: 1회 제공량이 얼마인지 살펴보기
- 2단계: 총 내용량이 몇 회 제공량인지 살펴보기
- 3단계: 내가 얼마만큼 먹었는지 살펴보기

출처 : www.foodnara.go.kr

6) 영양표시 읽기

1회 제공량과 총 제공량

이 제품은 총 1,000ml,
1회 제공량은
200ml입니다.

관심이 있는 영양소 살펴보기

당류
많이 먹으면 충치가 생겨요.

지방, 열량
많이 먹으면 뚱뚱해져요.

나트륨
많이 먹으면 짜게
먹게 되어 건강에 해로워요.

영 양 성 분

1회 제공량 1컵(200g)
총 5회 제공량(1,000g)

1회 제공량당 함량		%영양소 기준치
열량	125kcal	
탄수화물	10g	3%
당류	10g	
단백질	8g	13%
지방	6g	12%
포화지방	2g	13%
트랜스지방	0g	
콜레스테롤	25mg	8%
나트륨	60mg	3%

%영양소 기준치 : 1일 영양소 기준치에 대한 비율

%영양소 기준치

하루에 먹을 영양성분을
100%로 볼 때
이 가공식품 1회 제공량을
먹으면 얻게 되는 영양성분의
비율입니다.

7) 신호등 색상 영양표시

신호등 색상 영양표시는 영양정보를 쉽게 이해하도록 영양성분의 많고 적음을 빨강, 노랑, 초록색으로 표시한다.

나트륨
00mg
(00%)

나트륨이 녹색 표시일 경우
나트륨의 함량이 적다는 의미죠!

확인해 봐요
오늘 내가 먹은 식품 중에
신호등 색상 영양표시가 있었나요?

3장

청소년을 위한 식생활지침

청소년을 위한 식생활지침

각 식품군을 매일 골고루 먹자

① 밥과 다양한 채소, 생선, 육류를 포함하는 반찬을 골고루 매일 먹습니다.

② 간식으로는 신선한 과일을 주로 먹습니다.

③ 우유를 매일 2컵 이상 마십니다.

짠 음식과 기름진 음식을 적게 먹자

① 짠 음식, 짠 국물을 적게 먹습니다.

② 인스턴트 음식을 적게 먹습니다.

③ 튀긴 음식과 패스트푸드를 적게 먹습니다.

건강 체중을 바로 알고, 알맞게 먹자

① 내 키에 따른 건강 체중을 압니다.

② 매일 한 시간 이상 적극적으로 신체활동을 합니다.

③ 무리한 다이어트를 하지 않습니다.

④ TV시청과 컴퓨터게임을 모두 합해서 하루에 두 시간 이내로 제한합니다.

물이 아닌 음료를 적게 마시자

① 물을 자주 충분히 마십니다.

② 탄산음료, 가당음료를 적게 마십니다.

③ 술을 절대 마시지 않습니다.

식사를 거르거나 과식하지 말자

① 아침식사를 거르지 않습니다.

② 식사는 제시간에 천천히 먹습니다.

③ 배가 고프더라도 한꺼번에 많이 먹지 않습니다.

위생적인 음식을 선택하자

① 불량식품을 먹지 않습니다.

② 식품의 영양표시와 유통기한을 확인하고 선택합니다.

03 Chapter 청소년을 위한 식생활지침

01 비만 알아보기

1) 비만이란 무엇일까

비만은 몸에 지방이 많이 쌓인 상태이다. 뚱뚱하면 비만일 가능성이 높다. 그러나 체중이 많이 나간다고 모두 비만이라고 할 수는 없다. 비슷한 체중이어도 지방보다 근육이 많은 사람은 비만이 아닌 경우가 많다.

(1) 소아비만과 성인비만의 차이는?

어린이와 청소년기는 성장하는 때이므로 지방세포의 크기가 커질 뿐 아니라 지방세포의 수도 성인보다 빨리 늘어난다. 많아진 지방세포 수는 줄어들기 어려워서 성인비만으로 이어지기 쉽다.

2) 비만은 왜 생길까

우리가 섭취하는 에너지와 소비하는 에너지가 비슷해야 건강한 몸을 유지한다.

영양소 중 지방은 우리 몸을 보호하는 좋은 역할을 하지만 적게 먹어도 에너지를 많이 낸다. 그리고 탄수화물을 많이 먹으면 우리 몸에서 소비되고 남은 탄수화물이 지방으로 변한다.

그래서 탄수화물이나 지방 등 에너지를 내는 영양소가 들어 있는 식품을 많이 먹고 신체활동이나 운동으로 에너지를 충분히 쓰지 않으면 몸에 지방이 많이 쌓여 비만이 된다.

(1) 비만이 되기 쉬운 습관

- 아침식사를 거른다.
- 점심, 저녁 등 식사할 때 많이 먹는다.
- 열량이 높고 영양가가 적은 식품을 자주 먹는다. (예: 피자, 햄버거, 감자튀김, 탄산음료, 짜장면 등)
- 과자, 아이스크림, 떡볶이, 튀김 등의 간식을 즐긴다.
- 식사를 20분 이내로 빨리 먹는다.
- 늦은 밤에 자주 먹는다.
- 스트레스나 우울감 등 기분이 나쁠 때 먹는 것으로 해결한다.
- 친구들과 운동하는 것보다 먹으며 이야기하는 것이 더 즐겁다.
- 텔레비전을 오래 보고 게임을 많이 한다.
- 신체활동이나 운동을 싫어한다.

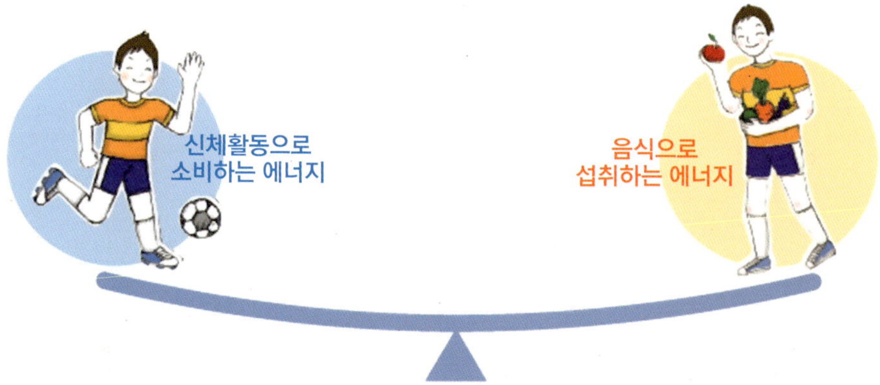

3) 나는 비만일까

(1) 체질량지수(BMI) 판정법

체질량지수 = 체중(kg) / 신장(m) x 신장(m)

정상	과체중	비만
연령별 체질량지수 곡선에서 체질량지수가 5~84백분위수	연령별 체질량지수 곡선에서 체질량지수가 85~94백분위수	연령별 체질량지수 곡선에서 체질량지수가 95백분위수 이상 또는 체질량지수 25 이상

출처 : 대한비만학회(2009), 비만치료 지침 2009

(2) 나의 체질량지수 계산하기

나는 비만일까요?

① 나의 체질량지수 계산하기

$$\text{체질량지수} = \frac{\text{체중(kg)}}{\text{신장(m)} \times \text{신장(m)}}$$

② 연령별 체질량지수 곡선에서 나의 연령(x축), 체질량지수(y축)에 해당되는 백분위수 찾아보기

<예>

만 14세 남자의 신장이 160cm(=1.6m), 체중이 55kg인 경우, 체질량지수를 계산하면 21.5입니다.

이를 연령별 체질량지수 곡선에서 보면 50~75백분위수 사이의 값(★)이므로 정상체중에 해당됩니다.

02 비만 예방하기

1) 식습관

- 비만을 예방하고 건강하기 위해서는 식사, 신체활동과 운동, 생활습관 등 세 가지를 올바르게 실천해야 한다.
- 식사는 골고루, 알맞게, 제때에 먹고 올바른 식습관을 갖는 것이 중요하다. 우리 모두 건강한 몸, 튼튼한 몸을 만들어보자.

2) 신체활동과 운동

(1) 운동, 이렇게 해보자

어린이와 청소년기는 동작이 민첩하고 신체발달이 왕성하므로 심폐지구력, 근력을 키우는 운동이 필요하다. 적어도 1주에 3회 이상, 1회에 30분~1시간 정도 꾸준히 운동한다.

① 심폐지구력을 높이는 유산소운동

유산소운동은 대화가 가능한 정도의 강도로 30분 이상 하는 운동을 말한다. 유산소운동을 하면 활동하는 근육에 산소를 공급해 주는 심폐지구력을 키울 수 있다.

걷기

언제 어디서나 할 수 있습니다.
빠른 걷기는 에너지 소비를 더 늘리고
혈액순환이 잘 되게 합니다.
장시간 하면 몸의 지방과 체중을
줄입니다.

달리기

체중과 몸의 지방량을 줄이는 데
가장 효과적입니다.
발과 무릎 보호를 위해
조깅화를 착용합시다.

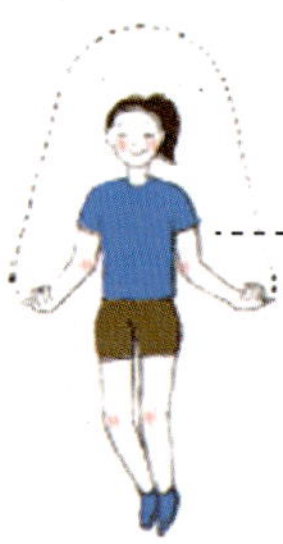

줄넘기

좁은 공간에서 다양한 형태의
줄넘기를 즐깁니다.
음악을 곁들이면
더 재미있습니다.

자전거 타기

자연을 즐기며 재미있게 합니다.
무릎 관절에 무리가 덜 가며
다리의 힘을 키웁니다.
무릎이나 다리 힘이 약한
친구들에게 추천합니다.

② 근력, 근지구력을 키우는 운동

근력은 최대로 낼 수 있는 힘을, 근지구력은 근육운동을 오랫동안 지속할 수 있는 능력을 말한다. 쉽게 할 수 있는 것은 팔굽혀펴기, 윗몸일으키기, 앉았다 일어서기 등이다.

팔굽혀펴기

팔과 가슴 근육의 발달에 좋습니다. 하기 어려운 친구들은 무릎을 땅에 대고 하면 훨씬 쉽게 할 수 있습니다.

윗몸일으키기

배 근육을 단련시킵니다. 바른 자세로 해야 다치지 않습니다. 손을 가슴에 대고 하면 어렵지 않게 할 수 있습니다.

앉았다 일어서기

다리 근육을 단련시킵니다. 의자나 벽을 잡으면 쉽게 할 수 있습니다.

(2) 100kcal를 소모하기 위한 운동

일상생활에서 100kcal 정도 에너지를 소모할 수 있는 운동의 예이다.

표 2-1 100kcal를 소모하기 위한 운동

운동량, 활동량	소요시간 또는 횟수	운동량, 활동량	소요시간 또는 횟수
걷기	30분	빨리 걷기	20분
자전거 타기	20분	계단 오르기	120계단
등산	24분	수영	14분
달리기	1.2km	축구	15분
줄넘기	10분	배드민턴	12분

출처 : 손숙미 등(2011), 임상영양학

(3) 쉬는 시간! 친구들과 함께 틈새운동을 해보자

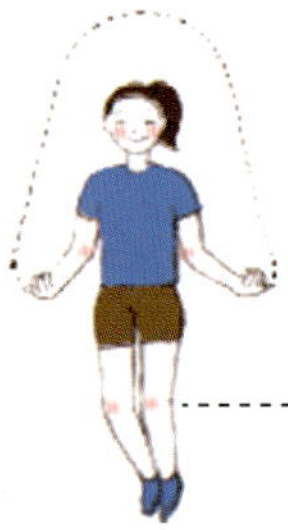

줄 없는 줄넘기 30회

심폐능력을 키워줘요.

누가 한 발 서기를 오래하나

평형성을 길러줘요.

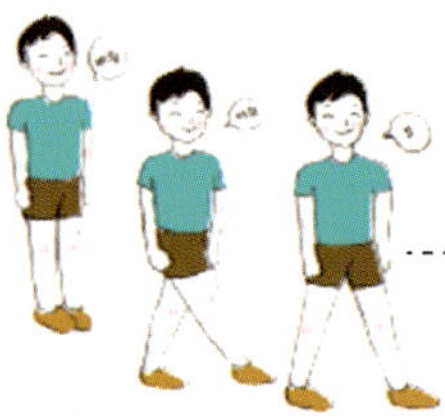

다리로 가위바위보 게임

민첩성, 순발력을 길러줘요.

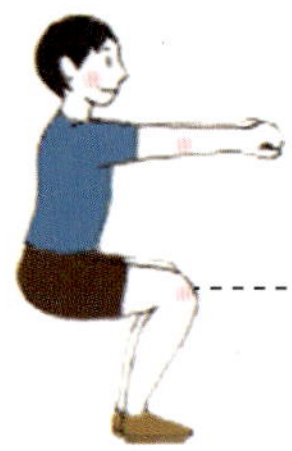

기마자세 오래하기 게임

근력, 근지구력을 키워줘요.

3) 생활습관

(1) 비만이 되기 쉬운 습관, 이렇게 바꿔보자

조절하기	· 먹기 전에 배가 고픈지 한 번 더 생각해 봅니다. · 열량이나 지방, 당 함량이 높은 식품을 적게 먹습니다. · 식사는 정해진 시간에 식탁에서 합니다. · 얼마나, 언제 먹을지 계획을 세웁니다. · TV나 컴퓨터 이용하는 시간을 줄입니다.
실천하기	· 식사할 때 텔레비전을 보지 않고 대화하면서 먹습니다. · 음식을 10번 이상 씹어 천천히 먹습니다. · 갈증이 날 때 단 음료 대신 물을 마십니다. · 친구와 만날 때 분식집, 패스트푸드점 대신 공원에 갑니다. · 스트레스 받을 때 밖에 나가 산책이나 달리기를 합니다.
지속하기	· 내가 세운 계획을 잘 지키면 스스로에게 칭찬합니다. · 친구나 가족과 함께 식사 조절, 운동을 합니다.

03 식사장애 알아보기

1) 아름다움의 기준, 사춘기의 변화

(1) 아름다움의 기준은 무엇일까

■ 이런 친구가 있나요?

중학교 2학년생인 성아는 TV에 나오는 연예인처럼 날씬해지려고 저녁 식사를 굶으면서 다이어트를 하고 있다. 지금 성아는 상당히 말랐지만 본인은 뚱뚱하다고 생각하며 다이어트를 멈추면 안 될 것 같다는 생각을 계속하고 있다.

현대사회에서는 아름다움의 기준으로 날씬함을 강조한다. 텔레비전이나 신문, 잡지에 나오는 연예인들은 대부분 날씬하고 근육질의 몸매이다.

사춘기에 접어든 10대 청소년들은 '나도 저렇게 되고 싶어'라며 연예인과 자신의 외모를 비교한다. 그러다 보면 '나는 너무 뚱뚱해', '키가 더 크면 좋을 텐데'라며 자신의 외모나 체형에 불만을 느낀다. 어떤 친구들은 날씬하길 바라며 심하게 다이어트를 한다.

체중이나 체형을 자신을 평가하는 기준으로 여기고 자신의 신체 모습에 대해 부정적으로 생각한다. 자신의 모습과 체형에 대한 잘못된 인식은 어린이나 청소년기에 중요한 자아존중감, 즉 자신을 사랑하고 존중하는 마음도 낮아지게 하여 문제가 된다.

(2) 사춘기의 변화

사춘기에는 신체적 · 심리적으로 여러 변화가 생긴다. 이런 변화는 우리가 자라는 동안에 나타나는 자연스러운 일이다.

표 2-2 사춘기의 신체적 · 심리적 변화

신체적 변화	심리적 변화
· 신장이 커집니다. · 체중과 체지방이 늘어납니다. · 근육과 골격이 발달합니다. · 남녀 모두 성적으로 성숙해집니다.	· 자신에 대한 인식, 정체성을 찾으려 합니다. · 부모님에게서 정서적으로 독립하려는 성향이 생깁니다. · 말, 행동, 외모 등에서 또래친구의 영향을 많이 받습니다.

2) 식사장애

(1) 식사장애란 무엇일까

식사장애는 체중이나 체형에 지나치게 관심이 많고 식사 행동에 심각한 문제가 있는 장애이다. 식사장애에는 거식증, 폭식증, 폭식장애 등이 있다.

■ 식사 행동의 심각한 문제

- 살찌는 것에 걱정과 두려움을 느끼며 너무 적게 먹습니다.
- 음식에 대한 자제력을 잃고 너무 많이 먹습니다.
- 일부러 토하거나 설사약 등 약을 이용하여 먹은 음식을 게워냅니다.

■ 식사장애의 원인

- 날씬함을 원하는 사회와 대중매체의 영향
- 체중, 체형에 대한 지나친 관심 : 매일 체중 재기, 거울을 보며 자신의 모습을 자주 확인하기
- 체형에 대한 잘못된 인식 : 비만이 아닌데도 뚱뚱하다고 생각함
- 잘못된 식습관 : 굶기, 심한 다이어트, 한꺼번에 많이 먹기, 먹는 것으로 스트레스 풀기
- 가족과의 문제, 부모님의 지나친 관심, 가족과의 갈등
- 이외의 요인 : 유전, 뇌의 신경전달물질 등

(2) 식사장애의 종류

① 거식증

거식증인 사람들은 매우 마른 몸매를 원하고 살찌는 것을 아주 두려워한다. 거식증은 모델, 배우, 체조선수나 발레를 하는 사람 등 마른 몸매를 가져야 하는 사람에게서 나타날 가능성이 높고, 남자보다 여자에게서 더 많이 나타난다. 거식증은 음식을 먹지 않는 방법으로 체중을 심하게 줄이려는 사람, 음식을 먹은 뒤에 토하거나 약을 이용하여 체중을 줄이려는 사람 등의 두 종류로 나뉜다.

■ 거식증의 특징은?

- 체중이 적게 나가지만 정상체중으로 늘리는 것을 두려워하며 거부합니다.
- 음식을 잘 먹지 않거나 심하게 운동하는 등 계속 살을 빼려고 합니다.
- 매우 말랐음에도 본인은 뚱뚱하다는 잘못된 생각을 갖고 있습니다.
- 기분 변화가 심하고 완벽주의자적인 성향이 강합니다.

■ 거식증, 이래서 위험합니다!

- '먹지 않기' 때문에 영양상태가 나쁩니다.
- 또래친구보다 체중이 훨씬 적게 나가고 성장이 잘 되지 않습니다.
- 쉽게 피곤해집니다.
- 음식을 제대로 먹지 못해 장 운동이 느려지고 변비가 생깁니다.
- 철 부족으로 빈혈이 생길 수 있습니다.

② 폭식증

폭식증은 한꺼번에 지나치게 많이 먹고 체중이 늘어남을 막기 위해 구토나 약 사용 등 이상행동을 하는 장애이다. 주로 청소년과 젊은 여성에게서 나타난다. 폭식을 참는 것이 무척 힘들고 폭식한 다음에 우울한 느낌, 죄책감 등 좋지 않은 기분을 느낀다.

■ 폭식증의 특징은?

- 짧은 시간(2시간 이내)에 엄청나게 많은 양의 음식을 먹습니다.
- 많이 먹는 행동을 조절하거나 멈출 수 없습니다.
- 체중 증가가 두려워 구토, 설사약 등의 약 사용, 심한 운동 등의 이상 행동을 합니다.
- 체중 감소와 증가 등 체중 변화가 반복됩니다.
- 체형, 체중, 음식에 대해 지나치게 생각합니다.
- 자신의 체형에 만족하지 못하고 자아존중감이 낮습니다.

■ 폭식증, 이래서 위험합니다!

- 5~7kg 정도의 체중 변화가 자주 생깁니다.
- 구토나 설사로 영양상태가 나빠집니다.
- 폭식과 구토를 반복하면서 식도와 위에서 피가 나고 치아가 손상됩니다.
- 폭식 때문에 자신에 대한 실망감과 자책감을 느낍니다.

③ 폭식장애

폭식장애의 경우 폭식증처럼 한꺼번에 많이 먹고 그 다음에 우울증, 죄책감 등의 기분을 느낀다. 스트레스를 주로 먹는 것으로 풀려고 하며 다이어트에 실패한 비만인 사람들에게서 흔하다. 폭식하는 모습을 남에게 보이기 싫어서 음식을 숨겨놓고 먹기도 한다. 폭식증과 다른 점은 많이 먹은 다음에 토해내거나 약을 이용하지는 않는 것이다.

폭식장애의 특징은?

- 한꺼번에 너무 많은 음식을 먹습니다.
- 일단 먹기 시작하면 많이 먹는 행동을 멈출 수 없습니다.
- 폭식 후에는 심한 자책감과 우울감에 빠집니다.
- 배가 고프지 않아도 많은 양의 음식을 먹습니다.
- 여러 다이어트 방법으로 번갈아가며 다이어트를 합니다.

폭식장애, 이래서 위험합니다!

- 비만인 경우가 많습니다.
- 폭식을 막지 못했다는 사실에 우울함, 걱정 등 나쁜 기분을 느낍니다.
- 심장과 혈압에 나쁜 영향을 줍니다.

04 식사장애 예방하기

- 식사장애는 마른 몸매와 체중에 대한 지나친 관심, 내 모습에 대한 불만족, 잘못된 다이어트 방법 등으로 생길 수 있다. 따라서 어린이와 청소년기부터 올바른 식습관과 신체활동 등 건강에 좋은 행동을 실천하고 내게 맞는 체중을 유지하는 것이 중요하다.
- 나의 몸과 모습에 대한 인식을 바르게 하고 나에 대한 자신감을 갖는 것도 식사장애를 예방하는 방법이다.

1) 어떤 생각이나 행동이 좋을까

표 2-3 좋은 행동과 좋지 않은 행동

구분	좋은 행동	좋지 않은 행동
외모, 체중, 체형 등 나의 모습에 대한 생각	좋다, 사랑스럽다, 만족한다	싫다, 만족하지 않는다
식사 행동, 운동	제때에, 골고루, 알맞게 먹기, 신체활동과 운동 하기	불규칙한 식사, 굶기 등 다이어트, 폭식, 운동을 거의 하지 않기, 운동을 아주 심하게 하기
체중	정상체중 유지	과체중, 비만, 저체중

출처 : Neumark-Sztainer(2011), In Eating disorders in children and adolescents : A clinical handbook(Le Grange D. & Lock, eds.)

2) 잘못된 다이어트 방법, 문제점을 알아보자

날씬해지고 싶은 사람들이 늘면서 다양한 다이어트 방법을 사용한다. 그러나 잘못된 다이어트, 지나친 다이어트는 어린이나 청소년기의 성장을 늦추고 오히려 건강을 해친다.

3) 식사를 규칙적으로 하자

하루에 세 끼 식사와 1~2회의 간식을 규칙적으로 먹는다. 식사를 규칙적으로 하면 식욕이 조절되어 심리적으로 안정되고 자연스러운 몸의 리듬을 찾게 된다. 다이어트를 하거나 한꺼번에 많이 먹을 때보다 체중도 일정하게 유지된다.

4) 신체활동과 운동을 하자

잘못된 다이어트나 굶는 대신, 일상생활에서 활동량을 늘리고 운동을 충분히 하면 어떨까? 튼튼한 몸을 만들 수 있고 체중 조절에도 좋다. 운동하면서 상쾌함을 느끼고 기분이 좋아진다.

(1) 신체활동과 운동, 이렇게 하자

- 일주일에 3회 이상, 1회에 30분~1시간 정도 운동을 한다.
- 가족, 친구와 함께 신체활동이나 운동의 목표를 정한다.
- 걷기, 빠르게 걷기, 자전거 타기 등의 활동을 생활화한다.

- 2~3층 정도는 계단을 이용한다.
- 가족, 친구와 함께 즐기며 할 수 있는 신체활동이나 운동을 한다. 이야기하며 걷기, 배드민턴, 등산, 댄스 등
- 친구들과 팀으로 하는 운동을 한다. 피구, 농구, 축구, 야구 등

5) 긍정적인 신체상을 갖자

(1) 신체상이란

신체상은 자신의 몸과 외모에 대해 어떻게 생각하고 느끼는지를 말한다. 신체상을 긍정적으로 갖는 것은 나의 외모에 만족하고 내 몸을 소중하게 생각하며 부족한 부분은 받아들이는 것이다. 내 몸과 모습에 대해 긍정적으로 생각하면 다이어트를 무리하게 하지 않는다. 긍정적인 신체상을 갖게 되면 자신을 가치 있고 중요한 존재로 생각하며 자아존중감을 높일 수 있다.

(2) 나의 장점을 찾아보자

내 몸에서 내가 좋아하는 부분이나 내가 잘하는 것은 무엇인가? 부모님이나 친구가 생각하는 나의 모습이나 장점은 무엇일까? 내가 생각하는 나의 장점, 부모님이나 친구가 생각하는 나의 장점을 비교해 보자.

6) 대중매체의 이미지와 정보, 바르게 이해하고 대처하자

대중매체는 많은 사람에게 정보를 전달하는 수단으로 텔레비전, 라디오, 신문, 잡지, 인터넷 등을 말한다. 대중매체에서 보는 날씬하고 매력적인 모습은 만들어진 것으로 현실과는 차이가 있다.

(1) TV나 잡지에서 보이는 멋있는 남자, 여자는 어떤 모습인가? 그 특징을 써 보자

(2) TV 프로그램이나 광고에서 너무 날씬한 모습을 아름다움이나 성공한 모습으로 보여준다면…

- 내가 이런 모습이나 정보를 너무 그대로 받아들이지 않는지 생각해 본다.
- 이런 장면이 나올 때 '현실에서는 그렇지 않아'라고 말한다.

• 친구는 이런 장면을 보고 어떻게 생각하는지 같이 이야기한다.

(3) 내가 만약 광고 제작자라면

지나치게 날씬한 몸매를 강조한 광고를 본 적이 있는가?

만약 내가 광고 제작자라면 그 내용을 어떻게 표현할지 적어보자.

4장

성인을 위한 식생활지침

성인을 위한 식생활지침

각 식품군을 매일 골고루 먹자

① 곡류는 다양하게 먹고 전곡을 많이 먹습니다.
② 여러 가지 색깔의 채소를 매일 먹습니다.
③ 다양한 제철과일을 매일 먹습니다.
④ 간식으로 우유, 요구르트, 치즈와 같은 유제품을 먹습니다.
⑤ 가임기 여성은 기름기 적은 붉은 살코기를 적절히 먹습니다.

활동량을 늘리고 건강 체중을 유지하자

① 일상생활에서 많이 움직입니다. ② 매일 30분 이상 운동을 합니다.
③ 건강 체중을 유지합니다. ④ 활동량에 맞추어 에너지 섭취량을 조절합니다.

청결한 음식을 알맞게 먹자

① 식품을 구매하거나 외식을 할 때 청결한 것으로 선택합니다.
② 음식은 먹을 만큼만 만들고, 먹을 만큼만 주문합니다.
③ 음식을 만들 때는 식품을 위생적으로 다룹니다.
④ 매일 세 끼 식사를 규칙적으로 합니다.
⑤ 밥과 다양한 반찬으로 균형 잡힌 식생활을 합니다.

짠 음식을 피하고 싱겁게 먹자

① 음식을 만들 때는 소금, 간장 등을 보다 적게 사용합니다.
② 국물을 짜지 않게 만들고, 적게 먹습니다.
③ 음식을 먹을 때 소금, 간장을 더 넣지 않습니다.
④ 김치는 덜 짜게 만들어 먹습니다.

지방이 많은 고기나 튀긴 음식을 적게 먹자

① 고기는 기름을 떼어내고 먹습니다.
② 튀긴 음식을 적게 먹습니다.
③ 음식을 만들 때, 기름을 적게 사용합니다.

술을 마실 때는 그 양을 제한하자

① 남자는 하루 2잔, 여자는 1잔 이상 마시지 않습니다.
② 임신부는 절대로 술을 마시지 않습니다.

04 Chapter 성인을 위한 식생활지침

01 식생활가이드

1. 식생활가이드

1) 외식 시 열량을 참고하자

표 2-4 외식메뉴 영양성분 (기준: 1인분)

음식	영양성분				
	열량(kcal)	탄수화물(g)	단백질(g)	지방(g)	나트륨(mg)
 삼계탕(1000g)	918	41 (12%)	115 (192%)	33 (65%)	1,311 (66%)
 갈비탕(600g)	237	8 (2%)	27 (46%)	11 (22%)	1,718 (86%)
 김치찌개(400g)	243	12 (4%)	15 (25%)	15 (30%)	1,962 (98%)
 순두부찌개(400g)	200	8 (2%)	14 (24%)	12 (25%)	1,351 (68%)

 짜장면(650g)	797	134 (41%)	20 (33%)	20 (41%)	2,392 (120%)
 탕수육(200g)	457	52 (16%)	18 (29%)	20 (40%)	443 (22%)
 오므라이스(450g)	730	113 (34%)	22 (36%)	22 (43%)	1,483 (74%)
 쫄면(450g)	602	110 (33%)	18 (31%)	10 (20%)	1,346 (67%)
 해물칼국수(900g)	628	124 (33%)	23 (38%)	4.6 (9%)	2,355 (118%)
 콩국수(800g)	667	112 (34%)	31 (52%)	11 (21%)	945 (47%)
 회덮밥(500g)	683	103 (31%)	30 (50%)	17 (33%)	744 (37%)
 생선초밥(300g)	462	76 (23%)	25 (42%)	6 (12%)	969 (48%)

* (%)는 1일 영양소 기준치에 대한 비율
출처 : 식품의약품안전처(2014), 외식영양성분자료집

2) 외식 시 열량을 줄일 수 있는 대체음식

외식메뉴를 선택할 때 비교적 열량이 낮은 메뉴를 선택하면 열량을 적게 섭취할 수 있다.

표 2-5 외식 시 열량을 줄일 수 있는 대체음식과 음식당 영양성분표

(기준: 1인분)

선택음식	대체음식	열량차이(kcal)
		528
군만두(250g), 685kcal	물만두(120g), 157kcal	
		266
짬뽕(1000g), 688kcal	우동(700g), 422kcal	
		113
제육덮밥(500g), 782kcal	불고기덮밥(500g), 669kcal	
		100
참치김밥(250g), 418kcal	김밥(200g), 318kcal	
		71
비빔냉면(550g), 623kcal	물냉면(800g), 552kcal	
		66
볶음밥(400g), 773kcal	비빔밥(500g), 707kcal	

출처 : 식품의약품안전처(2014), 외식영양성분자료집

2. 알코올과 카페인

1) 술과 건강문제

술에 함유된 알코올은 1g당 7kcal의 열량을 내지만 열량 이외에 다른 영양성분은 거의 없다. 술을 많이 마시면 열량섭취가 증가하게 되고 건강상의 문제를 야기할 수 있으므로 남자는 하루 2잔, 여자는 하루 1잔 이하를 마시는 것이 좋다. 술은 영양소의 소화 및 흡수를 방해하고 미량영양소의 손실을 가져온다. 따라서 지속적인 과음은 식욕부진, 영양결핍, 위질환, 간질환 등을 일으킬 수 있다.

2) 술의 열량

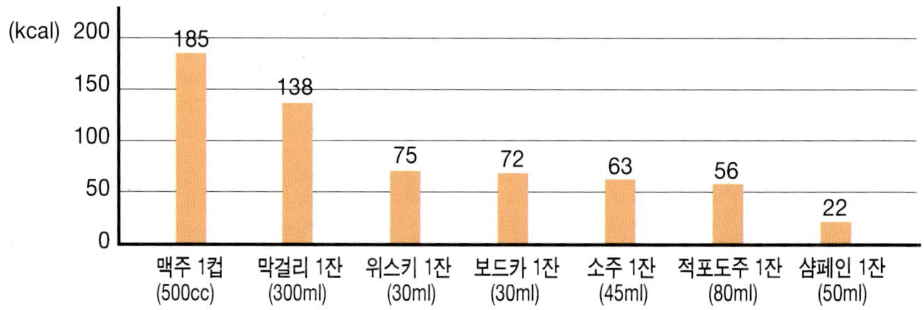

출처 : 농촌진흥청(2007), 식품성분표

3) 커피

커피는 기호음료로 일반적으로 수분, 회분, 지방, 카페인 등을 함유하고 있다. 커피의 주요 성분인 카페인은 쓴맛을 가지고 있으며 과다섭취 시 중독증상을 나타낼 수 있다. 카페인은 커피 외에도 녹차, 콜라, 초콜릿 등에 포함되어 있다. 2013년 1월 1일부터 커피, 녹차 등을 포함하여 카페인 ml당 0.15mg 이상 함유한 제품에 고카페인 함유 및 총 카페인 함량 표시를 의무화했다.

커피믹스 한 봉지 기준(12g) 69mg	캔커피 1캔 74mg	녹차 한 잔(티백 하나 기준) 15mg	콜라 1캔(250ml) 23mg

초콜릿 1조각(30g) 16mg	커피우유 1개(200ml) 47mg	커피맛 빙과(150ml) 29mg	에너지 음료 1캔(250ml) 63mg

출처 : 식품의약품안전청(2007)

4) 카페인과 건강

적당량의 카페인 섭취는 신경전달물질 분비를 자극하여 피로 회복에 도움을 주고 이뇨작용을 통해 체내 노폐물을 제거하는 작용을 한다. 그러나 과도한 카페인 섭취는 불면증, 불안감, 심박수 증가, 메스꺼움, 위산과다 등의 해로운 영향을 나타낼 수 있다. 안전한 카페인 섭취 기준은 성인의 경우 1일 400mg 이하이다.

5) 카페인 섭취량 조절방법

- 식품이나 의약품에 함유되어 있는 카페인 양을 확인 후에 구매한다.
- 1일 카페인 섭취기준을 지키고 디카페인 커피나 음료를 마신다.
- 카페인 함량을 낮추기 위해 홍차나 녹차 티백은 낮은 온도에서 짧게 우려내도록 한다.
- 오후 6시 이후에는 카페인이 함유된 커피, 홍차, 음료 등을 자제하도록 한다.
- 몸이 피곤하거나 나른할 때는 카페인이 들어 있는 음료 섭취 대신 산책을 하거나 긴장을 풀고 명상을 시도한다.

02 만성질환 예방

1. 당뇨병

당뇨병은 혈당을 조절하는 호르몬인 인슐린이 부족하거나 작용이 저하되어 고혈당 상태가 되는 질환이며 주된 증상은 다뇨, 다음, 다식, 체중감소 등이다.

1) 위험인자

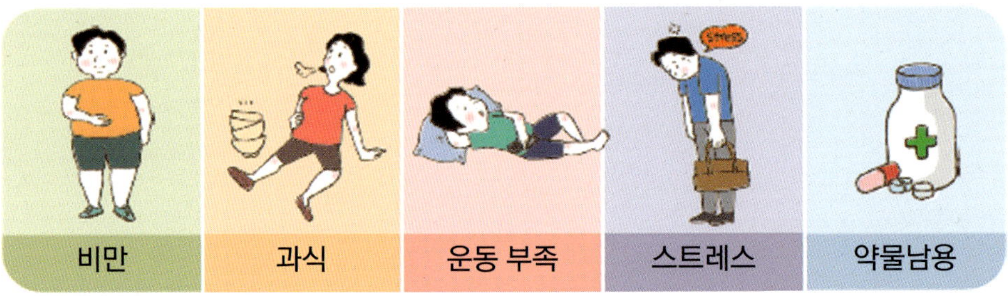

2) 진단기준

당뇨병의 진단을 위해서는 주로 혈당검사를 한다.

표 2-6 혈장 혈당 농도(mg/dL)

시간	정상	내당능장애	당뇨병
공복	99 이하	100~125	126 이상
1시간	180 이하	180~199	200 이상
2시간	140 이하	140~199	200 이상

출처 : 대한당뇨병학회(2010), 당뇨병 식품교환표 활용지침(제3판)

3) 주된 합병증

(1) 저혈당증

식사를 제때에 하지 않거나 심한 운동, 혈당강하제의 과다 복용으로 혈당이 정상 이하로 저하될 때 발생한다. 증상으로는 공복감, 식은땀, 두통, 피로감 등이 나타난다.

저혈당증상이 나타나면

설탕물, 사탕(2~3개) 등의 단순당질 식품을 즉시 섭취하고 15분 정도 경과 후 혈당상태를 확인합니다. 만약 의식이 없다면 바로 병원으로 가서 응급조치를 받도록 합니다.

(2) 케톤산증

인슐린의 부족으로 포도당이 에너지원으로 이용되지 못하면 체내 지방을 통해 에너지를 공급받게 되는데 이때 체내에 케톤체가 축적되어 산독증이 생긴다. 증상으로는 구토, 갈증, 탈수, 호흡곤란 등이 나타난다.

4) 당뇨병의 식사관리

- 매일 일정한 시간에 알맞은 양의 음식을 규칙적으로 먹는다.
- 적절한 열량 섭취 및 규칙적인 식사는 혈당 조절에 도움이 된다.
- 설탕이나 꿀 등 단순당의 섭취 시 주의한다.
- 단순당은 농축된 에너지원으로 소화흡수가 빠르므로 혈당 상승을 촉진시킨다.
- 식이섬유를 적절히 섭취한다.
- 식이섬유는 혈당과 혈중지방의 농도를 낮추므로 혈당 조절과 심장순환계 질환의 예방에 도움이 된다.
- 지방을 적정량 섭취하며 콜레스테롤의 섭취를 제한한다.
- 동물성 지방 및 콜레스테롤은 심혈관계 질환의 위험을 증가시킬 수 있으므로 가급적 섭취를 줄이고 식물성 기름으로 적정량 섭취한다.
- 소금섭취를 줄인다.

- 과다한 소금섭취는 혈압을 상승시킬 수 있으므로 싱겁게 먹는 습관을 갖도록 한다.
- 술은 피하는 게 좋다.
- 술은 영양소가 포함되지 않으면서 열량을 많이 내므로 피하는 게 좋다.

5) 식품선택 권장사항

- 흰밥보다는 잡곡밥, 흰빵보다는 통밀빵, 찹쌀보다는 멥쌀을 선택한다.
- 채소류, 해조류 등 식이섬유 함량이 높은 식품을 선택한다.
- 주스형태보다는 생과일, 생채소 형태로 섭취한다.
- 당도가 높은 과일(예: 열대과일)은 피한다.
- 조리 시 레몬즙이나 식초를 자주 이용한다.
- 식사 시 한 가지 식품만 먹기보다 골고루 섭취한다.

6) 식이섬유 급원식품

식이섬유는 혈당개선 효과가 있으므로 당뇨병 식사를 계획할 때에는 식이섬유가 풍부한 식품을 선택하도록 한다. 통곡류, 채소류, 해조류와 과일에는 식이섬유가 풍부하게 들어 있다.

(기준: 1인 1회 섭취분량)

고사리(30g) 2.9g	양배추(30g) 2.4g	취나물(45g) 1.3g	열무(45g) 1.1g

미역(6g) 5.4g	오렌지(200g) 4g	토마토(110g) 3.5g	사과(150g) 2.1g
		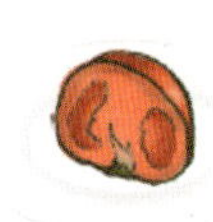	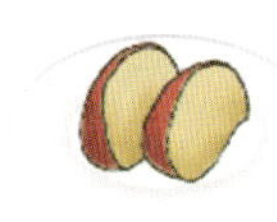

출처 : 농촌진흥청, 농촌진흥청 농식품종합정보시스템(http://koreanfood.rda.go.kr)

7) 식단 예시(1,800kcal)

● 1교환 ◖ 0.5교환

구분	곡류군	어육류군		채소군	지방군	우유군	과일군
		저지방	중지방				
교환	8	2	3	7	4	2	2
아침	●●◖ 흑미밥 175g	◖ 미역국 쇠고기 20g	●● 갈치구이 갈치 50g	◖ 미역국 미역(생) 35g ● 버섯잡채 버섯류 50g ● 깍두기 50g	◖ 미역국 참기름 2.5g ● 갈치구이 올리브유 5g ◖ 버섯잡채 올리브유 2.5g		
점심	●●◖ 현미밥 175g	● 대구탕 대구 50g	● 쇠고기무나물 쇠고기 40g	◖ 쇠고기무나물 무 35g ● 오이부추무침 오이, 부추 70g ● 배추김치 50g	◖ 쇠고기무나물 참기름 2.5g		
저녁	●●● 잡곡밥 210g	◖ 모시조개탕 모시조개 35g	● 두부구이 두부 80g	● 호박나물 호박 70g ● 총각김치 50g	● 두부구이 올리브유 5g ◖ 호박나물 참기름 2.5g		
간식						● 우유 200g ● 두유 200g	● 사과 80g ● 배 110g

TIP 혈당조절을 위해 당지수는 낮고 식이섬유는 풍부한 식품을 선택하도록 합니다.

2. 고혈압

고혈압은 동맥의 혈압이 정상보다 높은 것을 말한다. 고혈압이 장기간 지속되면 뇌졸중, 심장병, 신장질환 등이 유발될 수 있다.

1) 생활습관 개선

고혈압환자에게 생활습관의 수정은 매우 중요하므로 권장사항 실천을 통해 혈압을 저하시킬 수 있도록 한다.

개선목표	권장사항	수축기혈압 감소효과
체중감량	정상체중 유지	체중 10kg 감량 시 5~20mmHg
건강식사	총 지방량, 포화지방 섭취 제한. 과일, 채소, 저지방 유제품 충분히 섭취	8~14mmHg
식염섭취 제한	1일 식염섭취 6g으로 제한	2~8mmHg
활동량 증가	매일 30분 이상 규칙적인 유산소운동	4~9mmHg
음주 절제	1일 2잔 이하 섭취. 마른 남자나 여자는 1잔 이하	2~4mmHg

출처 : National Institute of Health(2003), 제7차 고혈압 예방과 치료지침

2) DASH 다이어트

DASH 다이어트는 혈압을 낮추기 위해 미국에서 개발된 식사요법이다. 포화지방산, 콜레스테롤, 총 지방의 섭취는 줄이고 과일, 채소, 저지방우유 등의 섭취를 통해 혈압을 낮추는 식사요법이다.

3) 고혈압의 식사관리

(1) 싱겁게 먹는 습관을 갖는다

소금에는 나트륨이 많이 함유되어 있으며 장기간 나트륨을 과잉섭취할 경우 고혈압, 부종 등의 증상이 나타난다. 따라서 하루에 나트륨 2,000mg (소금 5g) 미만의 섭취를 권장한다.

싱겁게 먹기를 실천하는 방법

소금 함량이 적은 마늘, 참깨 등의 향신료와 식초, 레몬즙 등의 신맛을 내는 양념재료를 이용합니다.

소금 1g을 포함하는 양념류의 양	소금 1g	간장 6.7g	된장 · 고추장 9g	케첩 30.3g
	※ 화학 조미료에도 나트륨이 많이 포함되어 있어요.			

- 식품 자체의 신선한 맛을 활용합니다.
- 국이나 찌개의 간은 끓인 후 먹기 직전에 맞춥니다.
- 가공식품 조리 시 스프 양을 조절하여 넣습니다.
- 생선과 육류 조리 시 조림보다 구이로 조리합니다.

(2) 콜레스테롤과 포화지방의 섭취를 줄인다

포화지방이나 콜레스테롤 함량이 높은 동물성 식품의 섭취를 줄인다. 식물성 기름이나 생선에 많이 함유된 불포화지방산은 적당량 섭취한다.

(3) 단백질과 칼슘을 적절하게 섭취한다

필수아미노산이 적절히 함유된 단백질은 혈압 상승을 예방한다. 또 칼슘을 충분히 섭취하면 나트륨의 혈압상승을 억제할 수 있다.

(4) 식이섬유와 칼륨을 충분히 섭취한다

해조류, 채소, 과일, 콩에 풍부한 식이섬유의 충분한 섭취는 변비와 고혈압을 예방한다. 또 칼륨이 다량 함유된 신선한 채소와 과일은 혈압을 낮추는 데 효과적이다.

4) 식단 예시(1,800kcal)

● 1교환 ◖ 0.5교환

구분	곡류군	어육류군		채소군	지방군	우유군	과일군
		저지방	중지방				
교환	8	2	3	7	4	2	2
아침	●●◖ 검정콩밥 175g	● 북어찜 북어 15g	◖ 검정콩밥 검정콩 10g	◖ 아욱국 아욱 35g ● 숙주미나리무침 숙주, 미나리 70g ◖ 물김치 35g	◖ 북어찜 참기름 2.5g ◖ 숙주미나리무침 참기름 2.5g		
점심	●●● 완두콩밥 210g	● 닭살겨자채 닭가슴살 40g	◖ 완두콩밥 완두콩 10g ◖ 쇠고기뭇국 쇠고기 20g	◖ 쇠고기뭇국 무 35g ◖ 닭살겨자채 채소 35g ● 취나물 70g ◖ 물김치 35g	● 닭살겨자채 호두, 아몬드 8g ● 취나물 참기름 2.5g		
저녁	●●◖ 현미밥 175g		◖ 연두부국 연두부 75g ● 갈치구이 갈치 50g	● 연두부국 채소 35g ● 미역오이무침 미역, 오이 70g ◖ 배추겉절이 배추 35g	● 갈치구이 올리브유 5g		
간식						● 우유 200g ● 두유 200g	● 사과 80g ● 배 110g

3. 이상지질혈증

- 이상지질혈증이란 혈액 내 중성지방, 총 콜레스테롤 및 LDL-콜레스테롤이 증가되거나 HDL-콜레스테롤이 감소된 상태를 의미한다.
- 특별한 증상은 없으나 동맥경화의 원인이 되어 관상동맥질환의 주요 위험요인으로 작용한다.

1) 위험인자

출처 : 한국지질 · 동맥경화학회(2009), 이상지질혈증 치료지침(2판)

2) 이상지질혈증의 식사관리

① 정상체중 유지 및 적정 수준의 열량을 섭취하도록 합니다. 열량 필요량 이상으로 섭취한 열량은 중성지방과 콜레스테롤의 합성을 촉진하게 되어 혈중의 농도를 증가시킵니다.

② 하루 200mg 이하의 콜레스테롤을 섭취하도록 합니다.

③ 고지방식품의 섭취는 체중을 증가시키며 혈청 중성지방 및 콜레스테롤 농도를 높이게 되므로 적정량의 지방식품을 섭취하도록 합니다.

④ 포화지방산 섭취량은 총 열량의 7% 이하가 되도록 하며, 트랜스지방은 총 열량의 1% 이하가 되도록 합니다.

⑤ 혈청 중성지방 농도를 낮추기 위해서는 오메가-3 지방산을 2~4g/일 섭취하도록 권장합니다.

⑥ 식이섬유는 혈청 콜레스테롤을 낮추어주는 효과가 있으므로 10~25g/일 섭취하도록 합니다.

⑦ 탄수화물의 섭취는 식이섬유가 많이 함유된 잡곡류, 해조류 및 채소, 과일 등을 위주로 섭취하고 총 열량의 60% 이하로 제한하는 것을 권장합니다.

출처 : 한국지질 · 동맥경화학회(2009), 이상지질혈증 치료지침(2판)

3) 지방

(1) 포화지방

- 포화지방 섭취가 증가하면 LDL-콜레스테롤 농도가 높아져 이상지질혈증의 위험성을 높일 수 있다.
- 포화지방은 주로 동물성 식품, 팜유, 코코넛유 등에 많이 함유되어 있다.

(2) 트랜스지방

- 포화지방과 유사한 성질을 가지고 있는 트랜스지방은 과잉섭취 시 심혈관계 질환의 위험성을 증가시킬 수 있다.

- 따라서 트랜스지방이 많이 들어 있는 마가린, 쇼트닝 등의 이용과 튀김류 등의 섭취를 줄이도록 한다.

4) 콜레스테롤이란

콜레스테롤은 세포막의 구성성분으로 성호르몬과 비타민 D의 합성에 이용된다. 그러나 혈중의 콜레스테롤이 증가되면 혈관에 침착하여 동맥경화를 일으켜 혈관의 기능을 저하시킨다. 또 혈중 LDL-콜레스테롤 농도가 높고 HDL-콜레스테롤 농도가 낮은 경우에는 질환의 위험도가 증가된다.

(1) LDL-콜레스테롤

나쁜 콜레스테롤이라고도 할 수 있으며 콜레스테롤을 체내조직으로 운반하여 동맥경화의 위험을 높인다.

(2) HDL-콜레스테롤

LDL-콜레스테롤과 반대작용을 하며 우리 몸에 좋은 역할을 한다. 콜레스테롤을 조직에서 간으로 운반하여 체외로 배설되도록 한다.

5) 콜레스테롤 급원식품

콜레스테롤은 달걀, 육류, 오징어, 새우 등에 많이 들어 있다.

(기준: 1인 1회 섭취분량)

달걀(40g) 188mg	삼겹살(155g) 99.2mg	닭다리(95g) 78.9mg	오징어(35g) 102.9mg	새우(35g) 45.5mg
		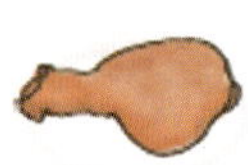		

출처 : 농촌진흥청, 농촌진흥청 농식품종합정보시스템(http://koreanfood.rda.go.kr)

6) 식단 예시(1,800kcal)

● 1교환 ◖ 0.5교환

구분	곡류군	어육류군		채소군	지방군	우유군	과일군
		저지방	중지방				
교환	8	2	3	7	4	2	2
아침	●●◖ 잡곡밥 175g	● 사태찜 쇠고기 40g	◖ 팽이버섯된장국 두부 40g	◖ 팽이버섯된장국 팽이버섯 25g ● 파래무생채 파래, 무 70g ◖ 물김치 35g	●◖ 사태찜 견과류 12g		
점심	●●● 검정콩밥 210g		◖ 검정콩밥 검정콩 10g ● 두부들깨찜 두부 80g	◖ 시래기된장국 시래기 35g ◖ 콩나물무침 콩나물 35g ● 깍두기 50g ◖ 물김치 35g	● 두부들깨무침 들깨 8g ◖ 콩나물무침 참기름 2.5g		
저녁	●●◖ 보리밥 175g	● 닭살버섯 샐러드 닭가슴살 40g	● 뭇국 두부 80g	◖ 뭇국 무 35g ● 닭살버섯샐러드 버섯류 50g ◖ 시금치나물 시금치 35g ● 백김치 35g	● 닭버섯샐러드 소스 5g		
간식						● 저지방우유 200g ● 두유 200g	● 배 110g ● 오렌지 100g

• 이상지질혈증의 예방을 위해서는 고지방과 고콜레스테롤 식품은 피하도록 한다.

4. 골다공증

정상인의 뼈조직

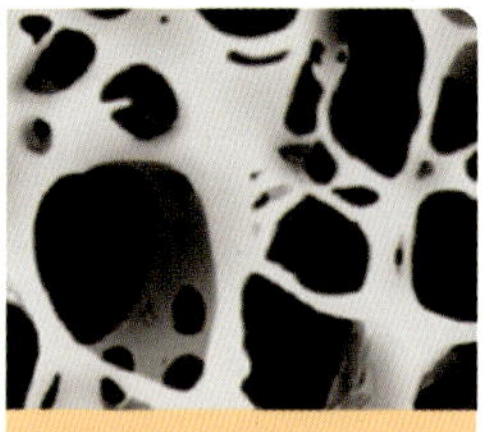
골다공증환자의 뼈조직

골다공증은 골질량의 감소와 구조적 이상으로 뼈가 약해져 부러지기 쉬운 상태가 되는 질환이다. 골절이 생기기 전까지는 증상이 없으나 골절이 생기면 통증과 함께 등이 굽거나 키가 작아지는 체형의 변화가 생긴다.

1) 원인

노화가 진행됨에 따라 혈청 칼슘 수준이 감소되고 뼈의 세포기능이 저하되어 골다공증 발병의 위험이 높아진다. 골다공증은 위험요인이 다양하지만 특히 여성에서 폐경 이후에 여성호르몬인 에스트로겐이 감소되어 많이 나타난다.

(1) 골다공증 위험인자

(2) 연령과 칼슘 섭취에 따른 골질량 변화

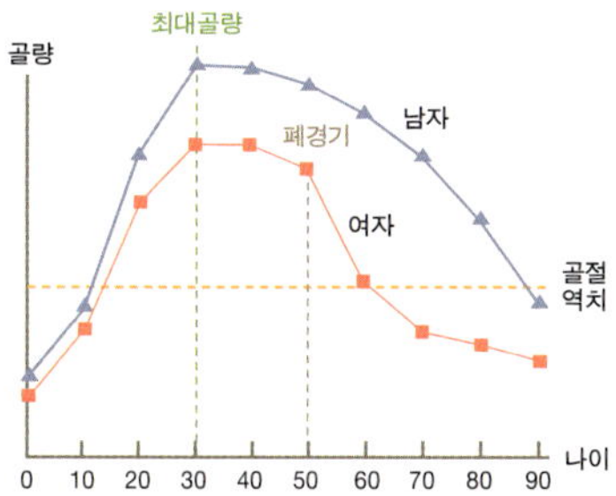

20대 중반에서 30대 초반의 청장년 시기에는 일생 중 최대 골질량이 형성되며 그 이후 연령 증가에 따라 골 소실이 진행됩니다. 특히 여성의 경우 폐경 이후 에스트로겐의 결핍으로 급격한 골 소실이 진행됩니다.

골다공증을 예방하기 위해서는 어려서부터 최대 골질량을 형성하고 골 소실을 최대한 막도록 노력해야 합니다.

출처 : 대한골대사학회(2007), 골다공증 진단 및 치료지침

2) 골다공증의 식사관리

① 칼슘이 풍부한 식품을 매일 2회 이상(어린이나 청소년, 임산부 등은 3회 이상) 섭취합니다. 저지방우유, 요구르트(유당불내증 시) 등이 좋고 어류, 해조류, 들깨, 달래, 무청 등을 많이 섭취합니다.

② 균형 있는 식사를 통해 단백질, 비타민 D, K, 칼슘, 마그네슘, 구리 등을 충분히 섭취합니다.

③ 싱겁게 먹고 과다한 양의 단백질이나 지나친 식이섬유의 섭취를 피합니다.

④ 비타민 D와 DHA, EPA 등과 같은 오메가-3 지방산이 풍부한 생선을 일주일에 2회 이상 섭취합니다.

⑤ 콩, 두부를 충분히 섭취합니다. 콩 제품은 익힌 것이 단백질 흡수에 좋습니다.

⑥ 비타민 C, K 등과 칼륨 등의 무기질 섭취를 위해 신선한 채소와 과일을 충분히 먹습니다.

⑦ 저체중일 때는 총 열량 및 칼슘, 단백질 섭취를 증대시킵니다.

⑧ 무리한 체중감량은 삼가고, 감량을 해야 할 때는 칼슘 보충을 해주어야 합니다.

⑨ 탄산음료나 커피의 섭취를 줄입니다. 카페인 음료가 필요할 때는 차(녹차, 홍차 등)를 마십니다.

⑩ 흡연을 피하고 술은 하루 1~2잔만 마십니다.

출처 : 대한골대사학회(2007), 골다공증 진단 및 치료지침

3) 칼슘

골다공증의 예방 및 치료를 위해서는 칼슘을 적절히 섭취해야 한다. 특히 골질량을 높이기 위해 18~30세 사이에 칼슘을 충분히 섭취하는 것이 중요하다. 우유는 칼슘함량이 높으며 우유에 함유된 유당 및 카세인은 칼슘 흡수를 돕는다.

(1) 칼슘 급원식품

칼슘은 우유와 유제품, 뼈째 먹는 생선류, 해조류, 녹황색 채소류 등에 많이 함유되어 있다.

(기준: 1인 1회 섭취분량)

우유(200ml) 210mg	호상요구르트(110g) 115.5mg	멸치(5g) 64.5mg	미꾸라지(60g) 441.6mg

치즈(20g) 12.6mg	**두부(60g)** 75.6mg	**뱅어포(10g)** 98.2mg	**미역(6g)** 57.6mg

출처 : 농촌진흥청, 농촌진흥청 농식품종합정보시스템(http://koreanfood.rda.go.kr)

4) 비타민 D

비타민 D는 칼슘과 인의 흡수를 돕고 골밀도를 증가시키는 데 관여한다. 비타민 D는 피부에서 태양의 자외선을 받아 합성되므로 매일 햇볕을 적당하게 쬐어야 한다. 햇볕 노출이 제한된 경우에는 식품으로 반드시 섭취하도록 한다. 비타민 D는 동물의 간, 기름진 생선류, 생선 통조림과 비타민 D 강화식품으로부터 섭취할 수 있다.

5) 식단 예시(2,000kcal)

● 1교환 ◖ 0.5교환

구분	곡류군	어육류군		채소군	지방군	우유군	과일군
		저지방	중지방				
교환	10	2	3	7	4	2	2
아침	●●● 잡곡밥 210g		●◖ 쇠고기완자전 쇠고기 40g 달걀 55g	◖ 들깨미역국 미역(생) 35g ◖ 쇠고기완자전 채소 35g ● 고춧잎나물 고춧잎 70g ● 깍두기 50g	● 들깨미역국 들깨 4g 참기름 2.5g ● 쇠고기완자전 올리브유 5g		
점심	●●●◖ 보리콩밥 245g	● 뱅어포구이 뱅어포 15g	◖ 보리콩밥 검정콩 10g	◖ 아욱된장국 아욱 35g ● 고사리나물 고사리 70g ◖ 물김치 35g	◖ 뱅어포구이 참기름 2.5g ◖ 고사리나물 참기름 2.5g		
저녁	●●● 현미밥 210g ◖ 감자국 감자 70g	● 꽈리고추멸치볶음 멸치 15g	● 연두부찜 연두부 150g	◖ 감자국 양파 35g ◖ 꽈리고추멸치볶음 꽈리고추 35g ● 배추김치 50g	● 꽈리고추멸치볶음 올리브유 5g		
간식						● 우유 200g ● 호상요구르트 100g	● 오렌지 100g ● 사과 80g

- 뼈를 튼튼하게 하기 위해서는 칼슘이 많이 든 식품을 하루 2~3회 이상 섭취한다.

_참고도서

고속도로 휴게소와 외식업체를 위한 영양표시 안내서. 식약청, 2011.

고혈압의 식사관리. 대한영양사협회, 2011.

권기한, 박형래, 백승희, 윤진아, 임재연, 정강현, 최경순. 건강을 위한 식품과 영양. 백산출판사, 2014.

권순자, 이정원, 구난숙, 신말식, 서정숙, 우미경, 송미영. 웰빙식생활. 교문사, 2012.

김나영, 권기한, 박미혜, 박성혜, 배상옥, 양경미, 정혜은, 최일숙. New 영양학. 백산출판사, 2013.

김세나, 조영숙, 김소영, 김정봉, 박홍주, 김행란, 김숙배, 김미현, 김순경. 1회 분량으로 보는 소비자가 알기 쉬운 식품영양가표. 교문사, 2012.

김순경, 최미경, 김미현, 배윤정. 현대인의 질환과 생애주기에 맞춘 영양과 식사관리. 교문사, 2013.

김화영, 김미경, 왕수경, 장남수, 신동순, 정혜경, 윤군애, 장문정, 김양하, 김혜영, 양은주, 김우경, 이현. 영양 그리고 건강. 교문사, 2012.

나트륨 줄이기 자료집. 식약청, 2012.

당뇨병 식품교환표 활용지침(제3판). 대한당뇨병학회, 2010.

똑똑하게 먹고 건강해지자(어린이를 위한 영양식생활 실천 가이드). 박태선, 김은경. 현대인의 생활영양. 교문사, 2011.

보건복지부 파랑새포럼, 2011.

비만과 식사장애 예방 가이드(어린이, 청소년 대상). 식약청, 2012.

비만치료 지침 2009. 대한비만학회, 2009.

소비자가 알기 쉬운 식품영양가표. (사)대한지역사회영양학회, 2009.

골다공증 진단 및 치료지침. 대한골대사학회, 2007.

소아의 신장별 이상체중표. 대한소아발육치, 1998.

손숙미 등. 임상영양학. 교문사, 2011.

송주은, 현영희, 변진원, 백승희, 김종욱, 전기수, 김미정. 최신조리원리. 백산출판사, 2010.

송태희, 곽현주, 우인애, 김용선, 이현옥, 백성희. 아동영양과 건강교육. 교문사, 2010.

송태희, 우인애, 손정우, 오세인, 신승미. 이해하기 쉬운 조리과학. 교문사, 2011.

식품 영양소 함량 자료집. 사단법인 한국영양학회, 2009.

식품성분표(제8개정판). 농촌진흥청 국립농업과학원, 2011.

식품성분표. 농촌진흥청, 2007.

안선정, 김은미, 이은정. 새로운 감각으로 새로쓴 조리원리. 백산출판사, 2010.

어르신을 위한 건강식생활 길라잡이. 식약처 식생활안전과, 2013.

어르신을 위한 식생활안전가이드 "안전밥상! 장수만세!"(리플릿). 식약청, 2011.

오혁수. 알기쉬운 식품학개론. 백산출판사, 2012.

외식영양성분자료집. 식품의약품안전청, 2012.

외식의 에너지와 나트륨 함량. 외식영양성분자료집. 식품의약품안전청, 2013.

유아식생활과건강지침서(지도서). 식약청, 2011.

이미숙, 박영숙, 현화진, 김순경, 송은승, 이경애, 이선영, 현태선, 김희선, 윤은영. 리빙토픽 영양과 식생활. 교문사, 2011.

이상일, 김지영, 김현학, 김화영, 라미용, 남승연, 문수재, 박경애, 손숙미 외. 영유아영양. 교문사, 2002.

이상지질혈증 치료지침(2판). 한국지질 · 동맥경화학회, 2009.

이연숙, 임현숙, 안홍석, 장남수. 생애주기영양학. 교문사, 2011.

이주희, 김미리, 민혜선, 이영은, 송은승, 권순자, 김미정, 송효남. 과학으로 풀어 쓴 식품과 조리원리. 교문사, 2012.

이현옥, 오세인, 조혜경, 최미경, 김미현. 생애주기영양학. 교문사, 2011.

임양순, 이애랑, 하애화, 류혜숙. 식생활관리. 교문사, 2011.

잠깐! 영양표시 먼저 확인하세요!(리플릿). 식약청, 2012.

정근희, 신경옥, 권기한, 김제중, 김지상, 신동순, 윤진아, 식품화학. 백산출판사, 2011.

정상열, 조강옥. 최신 조리원리. 백산출판사, 2013.

이정실, 김은미, 박문옥, 김희숙, 이영옥, 강어진, 유혜경. 조리전공자를 위한 영양학. 백산출판사, 2013.

정혜경, 오세영, 김미혜, 안효진. 식생활문화. 교문사, 2013.

제7차 고혈압 예방과 치료지침. National Institute of Health, 2003.

조리교재발간위원회. 조리체계론. 한국외식정보, 2002.

체질량지수(BMI) 수치별 분류. 대한비만학회.

최혜미, 김정희, 김초일, 장경자, 민혜선, 임경숙, 변기원, 이홍미, 김경원, 김희선, 김현아. 21 세기 영양학원리. 교문사, 2011.

최혜미, 김정희, 이주희, 김초일, 송경희, 장경자, 민혜선, 임경숙, 변기원, 송은승, 여의주 외. 21세기 영양학. 교문사, 2011.

최혜미, 박영숙, 이주희. 21세기 식생활관리. 교문사, 2012.

한국인영양섭취기준. 한국영양학회, 2010.

한손에 쏙 영양 표시 분야 자주하는 질문집. 식약청, 2011.

Neumark-Sztainer. In Eating disorders in children and adolescents : A clinical handbook. Le Grange D. & Lock J., eds. 2011.

_참고논문

김나영, 장명숙, 윤숙자. 데치는 방법이 품종별 시금치의 성분에 미치는 영향 : 데치는 물량과 시간에 따른 성분변화. 한국식품조리과학회지, 1993.

김대병, 장영미, 김인복, 이혜영, 장재희, 박정현, 엄세정. 조리방법에 따른 식품 중 영양소 잔존률(retention factor)에 관한 연구(Ⅰ). 식품의약품안전청 연보, 2000.

김석신. 효소식품으로서 발아유색미의 마이크로파 진공건조. 한국식품과학회지, 1999.

김홍균. 육류의 조리방법에 따른 영양소 잔존율 연구. 우송대학교 경영대학원, 2011.

조리방법에 따른 엽채류의 무기질 함량 변화. 한국식품조리과학회, 1996.

서민자. 다량조리시 조리방법에 따른 상용채소류의 비타민 B1, B2, C 및 무기질 함량. 단국대학교 대학원, 1995.

신완철, 송재철. 조리방법에 따른 쌀밥에 관능적 성질 및 휘발성 성분에 관한 연구. 韓國食品營養學會誌, 1999.

오명숙, 차민아. 조리방법에 따른 엽채류의 무기질 함량 변화 조리방법에 따른 엽채류의 무기질 함량 변화. 한국식품조리과학회지, 1996.

오명숙. 조리방법에 따른 근채류의 무기질 함량 변화 조리방법에 따른 근채류의 무기질 함량 변화. 한국식품조리과학회지, 1996.

오세영. 한국 성장기 어린이에서의 미량영양소 섭취와 성장발달 한국 성장기 어린이에서의 미량영양소 섭취와 성장발달, 대한영양사협회 학술지, 1999.

이경신. 국의 영양소 구성의 다양성. 동아시아식생활학회, 2003.

정혜정, 천희숙, 박혜경, 이은주, 윤성원, 권광일, 김지영, 김홍균. 조리방법에 따른 채소류의 중량, 부피 및 영양소 변화. 동아시아식생활학회, 2009.

채현숙. 단체급식에서 제공되는 참나물무침의 품질향상을 위한 조리공정 개선방안. 충북대학교 대학원, 2010.

한재숙, 이연정, 이신정. 건미역의 수침에 따른 흡수율과 보수율, 색도 및 무기성분의 함량 변화. 동아시아학회지, 2001.

김성원. 식품 가공 중 생성되는 최근 유해물질에 관한 문헌연구, 울산대학교 교육대학원, 2008.

김정아. 국내유통식품에서의 아크릴아마이드 함량조사 및 위험성추정. 중앙대학교 대학원, 2013.

김청태. Reduction of acrylamide in fried foods by addition of amino acids and vacuum frying(튀김식품에서 아미노산 첨가법과 진공 튀김 방법을 이용한 아크릴아마이드의 저감화). 서울大學校 大學院, 2004.

안인경. 조리 중 발생되는 유해물질 저감법 교육을 위한 초등학교 교수 · 학습 과정안 개발. 한양대학교 교육대학원, 2013.

서보경. 즉석 식품에서 니트로사민이 검출되는 요인 분석. 서울대학교 대학원, 2016.

이강윤. 채소즙(녹즙)의 항산화 효과와 아질산 및 니트로사민에 대한 안정성 연구. 강원대학교 대학원, 2012.

전현수. 압착식용유의 벤조피렌 저감화 방안 : 참기름 및 들기름의 제조공정에서 세척공정이 벤조피렌 저감화에 미치는 영향. 중앙대학교 의약식품대학원, 2010.

최승관. 흡착제를 이용한 벤조피렌 저감화. 서울과학기술대학교 산업대학원, 2012.

김은영. 참기름제조과정에 있어서 발암물질의 저감화 방안 연구. 경북대학교 대학원, 2012.

임성자. 된장 제조용 콩의 레토르트 최적 가열 조건 및 종균을 이용한 바이오제닉 아민 저감화 된장의 이화학적 특성. 전남대학교 대학원, 2014.

김성원. 식품 가공 중 생성되는 최근 유해물질에 관한 문헌연구. 울산대학교 교육대학원, 2008.

고은미. 한국인이 섭취하는 간장 내 에틸 카바메이트 생성에 영향을 주는 인자와 그 전구체. 서울대학교 대학원, 2003.

최동미, 허수정, 서정혁, 윤태형, 김은주, 최장덕, 박성국, 이광호. 식품 중 신종유해물질의 관리 및 분석. 분석과학. 2009.

박성국, 윤태형, 최동미. 주류 중 에틸카바메이트 분석. 분석과학. 2008.

한국식품공업협회. 정책정보-헤테로사이클릭아민류(HCAs)란? 食品衛生情報. 2009.

정용일, 이지수, 이현규. 3-Monochloropropane-1,2-diol(3-MCPD) 저감화를 위한 아미노산 간장의 제조조건. 한국식품과학회지. 2009.

곽승준, 김순선, 최요우, 이규식, 손경희, 이이다, 채수영, 정용현, 유일재, 박귀례. 3-MCPD의 생식 · 발생독성에 관한 연구. Toxicological Research. 2004.

장매화. 환경호르몬의 건강영향에 대한 연구. 광운대학교, 2007.

정기혜. 기후 변화에 따른 식품안전관리 및 국가 대응을 위한 아젠다 개발. 한국환경농학회 학술대회집. 2010.

서원희, 장은영, 한영신, 안강모, 정지태. 영유아 보육시설과 응급실에서의 식품 알레르기 관리 현황. 소아알레르기 및 호흡기학회지. 2011.

주류중 에틸카바메이트(EC) 저감화매뉴얼. 식약처 주류안전관리TF. 2011.

국립환경과학원. 도시지역 유해대기오염물질(HAPs) 모니터링(I). 2014.

김민규. 산업체에서의 식품 중 벤조피렌 관리 현황. 2014.

김솔. 식품 중 벤조피렌 저감화 정책. 식품산업과 영양. 2014.

식품의약품안전처, 식품의약품안전평가원. 유해물질의 인체노출안전기준 설정연구(I). 2012.

신보람, 양승옥, 김영석. 참기름의 벤조피렌 저감화동향. 식품산업과 영양. 2014.

김혜진. 유리식기류 안전 실태조사. 한국소비자원, 2005.

식품의약품안전청. 식품용 기구 및 용기 · 포장 합성수지제에 대하여 알아봅시다. 2007.

윤미혜, 엄미나, 도영숙, 정홍래, 정일형, 고환욱. 주방용품 중 합성수지제의 안전성에 관한 조사 연구. 보건환경연구원보. 2003.

윤진상. 식품용 용기포장 원료물질 관리체계구축연구-용기포장 원료물질의 안전성 평가 및 재질별 분석법 해설서 개발. 식품의약품안전청 연구결과 보고서. 2007.

이향기. 소비자의 기국 및 용기포장 사용실태조사. 식품의약품안전청 연구결과보고서. 2004.

저자약력

최은희

세종대학교 조리외식학 박사

수원과학대학교 글로벌한식조리과 교수

최우승

세종대학교 조리외식학 박사

대림대학교 호텔외식서비스과 교수

최수남

세종대학교 조리외식경영학 박사

수원과학대학교 글로벌한식조리과 교수

저자와의
합의하에
인지첩부
생략

조리영양과 식품안전

2019년 6월 25일 초판 1쇄 인쇄
2019년 6월 30일 초판 1쇄 발행

지은이 최은희 · 최우승 · 최수남
펴낸이 진욱상
펴낸곳 (주)백산출판사
교 정 편집부
본문디자인 이문희
표지디자인 오정은

등 록 2017년 5월 29일 제406-2017-000058호
주 소 경기도 파주시 회동길 370(백산빌딩 3층)
전 화 02-914-1621(代)
팩 스 031-955-9911
이메일 edit@ibaeksan.kr
홈페이지 www.ibaeksan.kr

ISBN 979-11-88892-90-7 93590
값 23,000원